软装助你成为幸福的生活家

《国际纺织品流行趋势——国际软装mook》，是由天津凤凰空间文化传媒有限公司创办的软装类mook（杂志书）。

软装mook，是将软装magazine（杂志）与软装book（书籍）结合，介于杂志和书籍之间的一种读物。它既有杂志信息与图片的丰富性，又兼具书籍的深度与保存价值。软装mook关注当下，推崇朴素但高质量的生活方式，提倡回归初心，注重环保。全方位介绍优秀软装案例，寻找源自生活的创意，梳理实用的软装知识，建立生活美学理念。

摄影师：小梅子
摄影地点：Callus 大连店

书香的软装

——人与书籍的新式空间共处

图书在版编目（ＣＩＰ）数据

书香的软装：人与书籍的新式空间共处／国际纺
织品流行趋势·软装 mook 杂志社编著 .－－ 南京：江苏凤凰
文艺出版社，2018.2
ISBN 978－7－5594－1548－6

Ⅰ．①书 ...Ⅱ．①国 ...Ⅲ．①室内装饰设计 Ⅳ．① TU238.2
Ⅳ．① TU238.2

中国版本图书馆 CIP 数据核字（2018）第 013723 号

书　　　　名	书香的软装 —— 人与书籍的新式空间共处
编　　　　著	国际纺织品流行趋势·软装mook杂志社
责 任 编 辑	聂　斌
特 约 编 辑	高 红 苑 圆
项 目 策 划	凤凰空间/郑亚男
封 面 设 计	米良子　郑亚男
内 文 设 计	米良子　高 红
出 版 发 行	江苏凤凰文艺出版社
出版社地址	南京市中央路165号，邮编：210009
出版社网址	http://www.jswenyi.com
印　　　　刷	上海利丰雅高印刷有限公司
开　　　　本	889 毫米×1194 毫米　1／16
印　　　　张	16
字　　　　数	128千字
版　　　　次	2018年1月第1版　2024年10月第2次印刷
标 准 书 号	ISBN 978-7-5594-1548-6
定　　　　价	258.00元

（江苏凤凰文艺版图书凡印刷、装订错误可随时向承印厂调换）

MOOK

INTERNATIONAL
FASHION & FABRICS

国际纺织品

流行
趋势

趋
势

目 录

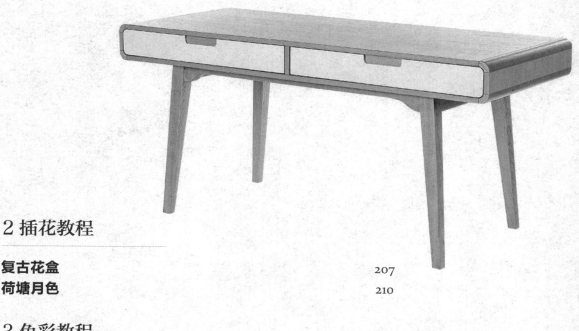

1

图书空间流行趋势
TREND

>>> 1.1

两束书教你看透
"书房空间的软装"

—— 《室内设计奥斯卡奖：第19届安德鲁·马丁国际室内设计大奖获奖作品》解读
—— 《室内设计奥斯卡奖：第20届安德鲁·马丁国际室内设计大奖获奖作品》解读

安德鲁·马丁奖是室内设计界的风向标。这个国际奖项收录了国际上众多名家的设计案例，在艺术性、生活性上不仅具有很高的水平，也极具权威性。

安德鲁·马丁奖被《时代周刊》《星期日泰晤士报》等主流媒体推举为室内设计行业的"奥斯卡"。安德鲁·马丁国际室内设计大奖由英国著名家居品牌安德鲁·马丁的创始人马丁·沃勒设立，迄今已成功举办20届。作为国际上专门针对室内设计和陈设艺术的大赛，每届都会邀请英国皇室成员及国际顶级设计大师、社会各行业精英等多领域权威人士担任评审，从而保证了获奖作品的社会代表性、公正性、权威性和影响力。

安德鲁·马丁奖的案例每年都会以图书、画册的形式对外发布，但有部分读者反映，案例很好，图片很好，但是具体为什么好却看不懂。所以，我们将定期拆解安德鲁·马丁奖的获奖案例，对其中一个方面进行解读。

今天，我们解读第19届和第20届安德鲁·马丁国际室内设计大奖获奖作品中"书籍在空间中的装饰元素"的运用。通过这些作品，了解国际大奖获得者们如何将书籍元素演绎成有趣的软装元素。

强调对称美感的英式优雅

开放式的空间结构、精细的家具陈列和优雅的花色布艺一直都是英式风格的设计特点。空间中沉稳的格调透露出鲜活的气息，整体对称的布置格局营造了饱满的视觉效果。左右对称、整齐码放的书籍，书格划分均衡的书柜（这样的空间比较适合大尺度的书柜），我们将其称为强调对称美感的英式空间。传统而优雅，就像英国的绅士一般深沉含蓄。

本页图在两图书中的位置：
第 19 届 - 第 51 页

本页图在两图书中的位置：
第 20 届 - 第 104 页

本页图在两图书中的位置：
第 19 届 - 第 200 页

本页图在两图书中的位置：
第 20 届 - 第 188 页

本页图在两图书中的位置：
第 19 届 - 第 119 页

贴地的书柜
让阅读"随时随地"自由惬意

一块地毯，一捆麻袋似的懒人沙发，一组低矮的沙发，随手可触的靠垫，落在地上的书柜，温暖的壁炉……一个"书虫"的自在世界，你可以躺着看书、坐着看书……那就用淡淡的色彩来装点墙壁吧！！！

本页面在两图书中的位置:
第 199 届 – 第 118 页

跨越东西方的
"古"卷情怀

不管是西方精装烫金的牛皮读本，还是东方的手卷、竹简、线装书，只需一点点元素，即可带你穿古越今，连通千百年来的文人情愫……地球仪和航海地图也是与空间极为相衬的两样物品。 何为古？东方有东方的古，西方有西方的古，每个民族、每个地域都有属于自己的古。这里所说的复古，只是一种怀旧的情愫，而很多时候，一卷旧书，一缕灯光都能把你带到属于你的"古"中去。

本页图在两图书中的位置：
第 19 届－第 339 页

本页图在两图书中的位置：
第 19 届 - 第 83 页

本页图在两图书中的位置：
第 20 届 - 第 80 页

被书密集环绕的
"文字王国"

分隔形状布局乱序，物品与图书混排，围塞得密不透风，书密集环绕，甚至成捆地码在地上，自行车飞上了天花板，花盆养在大书上……一切不按规矩出牌，却混搭出"我的王国我说了算"的王者风范！

本页图在两图书中的位置：
第 19 届 - 第 81 页

本页图在两图书中的位置：
第 19 页—第 122 页

深色古典的书房
永恒的经典

深色家具融合了现代波普风格的画作，利用艺术配置来区别于传统风格，复古典雅的家具搭配明艳激情的色彩，突出了整个环境的空间感。

本页图在两图书中的位置：
第20届 — 第31页

本页图在两图书中的位置：
第 19 届 – 第 316 页

本页图在两图书中的位置：
第 20 届 – 第 34 页

本页图在两图书中的位置：
第 20 届 - 第 46 页

巧用色彩
营造杂糅式的浪漫

按照书封皮的颜色摆放，这些书不仅仅是用来阅读，更多是被作为一种"软装元素"来装点空间。摆放的方式因人而异，因为生活本就是多彩的！

本页图在两图书中的位置：
第20届·第402页

摩登田园的自然清新
怎能少了书的陪伴

这是白领生活中常见的图书放置形态，轻松又实用，田园又梦幻。

本页图在两图书中的位置：
第 19 届 - 第 125 页

本页图在两图书中的位置:
第 20 届 - 第 481 页

图书为主角的油画般空间

这些空间本来就很美，色彩、材质、氛围都非常讲究，图书的加入为这些色彩美丽的空间带来了深度和宽度，更增添了一丝神秘的色彩，将空间升级到了画廊般的格调。

本页图在两图书中的位置：
第20届 · 第13页

本页图在两图书中的位置:
第 20 届 - 第 188 页

本页图在两图书中的位置:
第 20 届 - 第 210 页

本页图在两图书中的位置:
第 20 届 - 第 327 页

本页图在两图书中的位置:
第 19 届 - 第 428 页

本页图在两图书中的位置:
第 19 届 - 第 376 页

本页图在两图书中的位置:
第 19 届 - 第 453 页

书店 —— 精神的寄所

古代的书店也叫书肆、书林、书铺、书棚、书堂、书坊等。书店一名，最早见于清代乾隆年间。在中国近代史上，书店也叫书局。

记忆里，传统的书店是四面白墙加通天书架，中央摆几张桌子以便放置书籍，没有座椅，深阅读时只能席地而坐。但书店不该只是"知识的传播场所"，也理应是舒适惬意的空间。基于这样的想法，设计师将苍白的摆设变成赏心悦目的设计，并根据当地的特色进行主题定位，让每间书店都有自己的容貌，诉说自己的故事。

这里采录 5 个实体书店进行案例欣赏和软装解析，让读者感受每个书店的独特美。

坐标：中国，成都

成都方所书店
—— 思想的国度

设计师：朱志康

摄影师：李国民 朱志康

文 / 编辑：高红 苑圆

　　成都方所书店不仅是一家书店，更是一种文艺的生活状态。它位于成都市太古里广场，是继广州之后的第二家方所书店。成都方所书店是一个涵盖美学、服饰、咖啡文化的综合体，5508 平方米的庞大书店，藏身太古里地下层。9 米的挑高，37 根造型迥异的立柱，铺满行星轨迹的地面。

　　这个商业项目以大慈寺为中心，四周开发为商业街，方所书店就位于商业街的负一层。大慈寺是玄奘当年出家的地方。中国台湾设计师朱志康便想以这个典故为设计的出发点，传扬中国人那种为寻找古老智慧的发源地而苦心劳志、甘之如饴的精神。

　　地下书店，像是将全世界从古至今的知识都搬来藏在大慈寺地下，直到方所出现后被挖掘出来。鉴于此就有了一个创造埋藏已久地下传奇"藏经阁"的想法。

诚如设计师所言：方所不仅仅是一个书店，而是为了成都人的生活而设计的休闲空间

在奢侈品品牌云集的成都太古里，方所的出现好似飘来
一股幽幽的书香气，也得到了"最美书店"的赞誉

左页图: 在地下空间的扶梯处,设计师创造了一个陨石造型的"方舟"雕塑,雕塑采用全透明的材质表现,让来书店的人能一览书店全景
右页图: 从室内的角度看扶梯的上空有一种震撼磅礴之感,前半身的雕塑加上后半身的玻璃框架,像是直入云霄的阶梯,攀登后就能到达理想的国度

左页图： 书店借助设计的力量来创新文化空间。用朱志康的话说，"设计本身就是一种替业主方找到问题，并想出一个好的解决方案的过程。"雕塑上的纹理像大海一样奔腾着，浇灌着每个渴望知识的人

右页图： 超大的室内空间、粗壮的水泥柱子像保护伞一样，撑起了空间的所有重量。水泥地与木板相结合，玻璃与钢材相结合，所有的材料都是原始朴实的呈现，也让读者感受到探索苍穹般的力量。走进书店，似乎就像是要开启一段寻宝之旅

为了配合书店的主题，拱形门是点睛之笔

水泥墙、水泥柱子、水泥地，一种裸露的自然美扑面而来

立身以立学为先，立学以读书为本。

—— 欧阳修（宋）

左页图： 大慈寺是玄奘法师出家的地方。玄奘对智慧和信仰的不懈追求，感动了一代又一代人，甚至后来出现了著名的《西游记》。将书店建立在这里，也寓意了人们对知识的不懈追求

右页图： 高大粗壮的柱子挑起巨大的空间，布置的灯具也是简单的黑色，到处都是简单而自然的原始气息，过多的装饰只会破坏了应有的美感

人心如良苗，得养乃兹长。苗以泉水灌，心以理义养。
一日不读书，胸臆无佳想。一月不读书，耳目失清爽。
—— 萧抡谓（清）

裸露的柱子和水管搭配着通天书架，显得沉稳大气

咖啡简餐的角落，咖啡香伴随着书香，享受这里的每寸时光

"书"是收纳古今中外文化历史和智慧的载体，根植于人类已知的世界，求索未来，像追逐星辰，拥抱苍穹，让人们拥有浩瀚宇宙般的视野。

成都方所书店不只是承载文化的场所，也蕴含了人们的生活态度。

"窝"是四川人生活休闲的一种态度，他们到哪里都要有"窝"的空间。不论是郊游登山、逛街购物，都要有打牌、聊天、喝茶、喝咖啡这样能坐下来的地方。

"藏经阁"

藏经于洞穴的情境：大切割面的水泥柱，阁楼的藏书柜，穿越书柜中间的空桥及猫道，所有的材料都最原始朴实地呈现。

"传奇"

设计师在整个空间里面运用了星球运行图、星座图的原素和殒石造型的"方舟"雕塑，意在创造一个通往未知世界的圣殿，像是永恒的"传奇"。

"圣殿"

9米的挑高，硕大的水泥柱，给人进入圣殿看到希望般的感动。

"窝"

设计很多能坐下来的角落，可以使游客窝在那儿看书，静静地感受心灵的宁静。

坐标：中国，北京

荣宝斋
—— 古色咖香馆

设计公司：建筑营设计工作室
主设计师：韩文强
设计团队：杨滨林 黄涛 李云涛
摄影：王宁
文 / 编辑：高红 苑圆

书店能给人带来幸福的读书体验，荣宝斋咖啡书屋就是这样一个存在。书屋主要经营中国书画与古籍图书。店面是上世纪80年代由政府统一兴建的钢混仿古建筑，总面积约293平方米，上下两层的大空间可以容纳大量的游客来此品书、购书。

位于北京古香古色的琉璃厂古文化街，荣宝斋咖啡书屋的前身为"松竹斋"，清光绪年间更名为"荣宝斋"，取"以文会友，荣名为宝"之意。著名书法家陆润庠曾为它题名。清末文人墨客喜聚于此，民国年间书画家张大千、齐白石等也常在此相聚。阳光的午后，窝在散发浓郁文化气息的荣宝斋咖啡书屋，咖啡香气萦绕周身，一种暖暖的自由就这样蔓延开来。

与传统书店粗重、刻板的形象不同，荣宝斋咖啡书屋以一种全新的姿态呈现在大众眼前。利用通透、轻盈的铁制书架整合功能、交通、设备与照明功能，坚持绿色设计，将绿色植物置入其中，使得内部空间更加富于生机。

TIPS

设计师：**韩文强**

中央美院建筑学院副教授，建筑营设计工作室创始人。
主要研究基于传统文化背景之下的当代建筑与室内环境，致力于让空间成为人与人、人与环境交流的媒介，创造宜居生活。

在琉璃厂文化街的路口就能找到这间咖啡书屋。店里环境优雅、静谧，浓郁的咖啡香气与丝丝的书卷气息，古典音乐与多种文学，其碰撞出的火花，总有一种说不清、道不明的舒适感。当然，街两边也是可以转转的。古色古香的琉璃厂，韵味十足。这里绝对是一个静享时间的好去处

书屋分两层，装修得很文艺，有各种书、杂志、画册和字帖碑帖

每个人都在阅读学习，在这样的氛围下，自己也会不知不觉地融入其中，提高读书效率。安静的空间也可以让人更容易集中精神阅读和思考

基于建筑原有的柱网，室内呈现出环状的空间结构。中央区域为岛式空间，周边为铁制书架墙体。铁制书架采用1厘米×1厘米的实心铁条作为竖向支撑，1厘米×30厘米的铁板作为层板，利用激光切割裁切掉每层立柱的切口，之后由下至上依次焊接完成。

中心岛作为收银台和咖啡操作台，提供多种饮品与小食；通过软膜天花形成均匀的整体照明，宛如室内的灯笼，而咖啡座则围绕中心散布于周边。

穿插于铁质书架之间的绿植装饰，既能美化环境，缓解游客视觉疲劳感，提供亲近自然的机会，又能有效调节室内的微气候。此外，植物盒底部安装的LED灯也起到间接照明的作用。

书店运用环保主题，与咖啡厅融为一体，营造出人、书、自然、绿色相结合的轻松惬意的品书环境，给游客带来多样的读书购书体验。

荣宝斋咖啡书屋是人们在逛街购物之余一处新的休闲之所。安坐其间，咖啡、书籍、植物与人共处，室内弱化成一个环境背景，营造出一个慢节奏的轻松阅读氛围。伴随着咖啡的浓香，度过属于自己的小时光。

右页左上图：二层由调光玻璃围合成一个发光的盒子作为会议室，调光玻璃可改变内外的透明状态，让会议室使用更加灵活

右页右上图：室内植物主要选择喜阴的蕨类植物，高处的植物盒里布置了攀缘灌木，香草类的薄荷、碰碰香等小型植物则放置在窗前及咖啡桌上

书籍是伟大的天才留给人类的遗产。

——爱迪生（美）

坐标：中国，保定

新华书店
—— 新鲜空气书店

设计公司：风合睦晨空间设计
设计师：陈贻 张睦晨
摄影：孙翔宇
文 / 编辑：高红 苑圆

在如今这个很骨感的现实社会中，还存在童话似的事物吗？答案是肯定的，于是一个充满理想色彩的小书店应运而生，他们给它起名为新鲜空气书店。他们相信生命的答案就在书籍里，如同塞万提斯笔下挑战风车的堂吉诃德。他们用一种追求信仰的态度去开启这样的一家书店，就如沙漠中的一捧清泉，雾霾中的一缕新鲜空气，透着希望的光。

在书店的空间场景中，设计师用朴素、自然的设计构建起人与书之间简单、宁静、谦卑而低调的关系。每一本书籍都有不同的性格，书籍里的灵魂才是书店里的真正主人。只要你愿意放下日常的劳苦愁烦，步入这个场所，这里，就是你的书房。

层层栅栏式的"全副武装",保护对象可不仅是书籍,还有万万想不到的新鲜空气

一条木质长桌，几个圆形软垫，白色
窗帘隔开的静室，等待参禅悟道的你

不规则的造型灯具，别具特色

三五好友，坐在这里，交流读书心得，
享受休闲时光

书店一角布景用的石头

可供读者休息的布艺长椅，简单、淡雅

黑色金属框架灯具，镂空的造型，彰显线条的流畅与空间的艺术

左页图：顶棚裸露的黑色管道、井字形木质拼接的顶棚造型、相得益彰的大理石和木质地板、顶棚高大的书架，到处都彰显着设计师对简单、宁静的强烈追求

右页图：艺术水泥地面与地板之间设计成可供休息的台阶，在台阶上铺设成"L"型的沙发，颜色采用浅灰色，阳光透过纱帘照到室内，让阅读也变成一种享受

为了增添读书趣味性和阅读功能性，在书架中开辟一处可供休息的隔断，隔断用深灰色的布艺包裹，可坐、可靠、可躺，彻底放松精神来享受阅读

穿过书山，到达蹊径处，豁然开朗，又是一处
美如画的禅意空间

每个拐角处都会有一间隔室，方便品书、品茶、品人生

什么是幸福？晨露滋润花朵，春雨打湿绿枝，怀揣一本喜欢的书籍在小巷里漫步，一座书店温暖一座城。

设计师用这样一个空间来抚慰那些正在艰辛寻找的心灵。其实，那个微小的声音从未远离我们，生命的答案也从未远离这个世界。它根植于我们饥渴的内心，流淌于书籍的海洋里，激荡在平凡的生活中。正是这些仍然相信童话故事并执着于寻求生命答案的人，他们热诚地希望爱能改变这个冷漠的世界，找回那本来属于我们却被我们遗失了的最宝贵的生命答案，好让它能重新流淌入我们疲惫干涸的内心。那个声音仿佛在说："叩门就给你开门！"

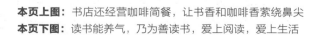

本页上图：书店还经营咖啡简餐，让书香和咖啡香萦绕鼻尖
本页下图：读书能养气，乃为善读书，爱上阅读，爱上生活

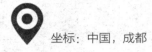

坐标：中国，成都

言几又（成都IFS旗舰店）
—— 星空下的黑白

设计师：陈峻佳

摄影：Dick

文 / 编辑：高红 苑圆

城市是一本打开的书，从中可以窥探它的抱负。文化空间则是一座城市充满无限蕴藉的留白，正是"空间"的设计使得建筑更有探索意义。

言几又 IFS 旗舰店，位于成都，一个古老而又神秘的城市。设计师用4000多平方米的天地，以"未来"主题呼应品牌传达的生活理念，以"造梦空间"探索这座城市新公共生活的可能，从而成就了这个未来空间。

于时间里，每个人都在走向未来的旅程中。人类追随着未来的脚步又不断向外太空探索，从言几又的"诗巷"到"星空"，再到"造梦空间"。设计师以书籍为线索，将"未来"主题聚焦到富有科幻元素的空间设计。

契合"未来"主题，将建筑巧妙地搬进了空间之内。咖啡厅旁走道相对狭小的空间，"太空舱"元素设计为特色书，如太空舱带你遨游广袤书海，远征未来文明。"未来"通过空间设计激发孩子的想象力和好奇心，以儿童的天性为出发点，别致的动物概念设计，调动孩子与空间的互动。

原始砖块，天然质朴又蕴含厚重的力量，正如建筑追求对力与美的平衡表达，从"场景实验"到"探索未来"。"未来"的方程式，等待人们去亲身体验给出他们自己的答案。

黑色的地板、黑色的屋顶、黑色的书架，
只有灯是白色的，黑与白的强烈对比，就
像是穿梭在未来的时间里

儿童区卡通造型的书架

具有未来感的灯具

演讲厅里具有特色的背景砖墙

以书籍为线索，契合"未来"主题，探索性的设计理念贯穿 9 大业态，即书、产品、咖啡、餐厅、美发、演讲、儿童、超市、手工体验

入梦 | 探索式体验空间

几何的空间架构，贯穿书区的铁网，虚实相生，成为这个未来世界之中的有力支撑。

梦境 | 太空咖啡馆

用弧线去划破整个长空间带来的压抑与拘束，因地制宜，黑与白的色调，冷静而深邃，为读者提供休憩的空间与思考的余地。

咖啡厅旁是三个不同的书区，也有发廊。有机结合不同业态空间，加强了空间体验感。

休闲区：白色的弧形顶棚配上黑色的皮质沙发，简单利落，时尚大方

图书阅读区：黑色的背景墙搭配白色的汉字，且采用竖排的文字排列方式，颇具古典文化气息

图书选择区：店内用白色的铁艺网格隔断，去掉了生硬的墙面，通透十足，减轻了传统书店的厚重感

追梦 | 置身于太空舱漫游书海

通过对空间的某种"限制"来实现另一种"放大"，狭窄的空间，全黑的空间背景，反而更能激发置身于其中的人的想象力。反光的地面，映射着灯光与书柜，造型奇幻，似身处宇宙之中。

造梦 | 童话感的儿童区

从童话世界汲取设计灵感，把儿童区域打造成一个富有梦幻色彩的"移动城堡"。高低起伏的儿童柜，既萌又新鲜的各式动物纹样，做回孩子才会有无限想象的可能。

在"星空"的对面，是十米高的"堡垒"，灵感正是来自宫崎骏的《哈尔的移动城堡》，富有梦幻感的建筑，与对面的星空墙相映成趣，颇具童话色彩。

空间的屋顶造型像影棚的反光板，这样的设计也是为了让光线更为集中

右页左上图： 儿童展示区更像是城堡一样，每层都有惊喜，有的放置布偶，有的放置玩具，有的放置图书，颜色鲜艳，趣味十足

右页右上图： 儿童阅览区的柱子是木质卡通形象，同时也将书架做成儿童方便取阅的二层设计，还有动物形象的座椅，一切都只是为了让孩子感受到阅读的快乐

右页右下图： 灯具像星星一样，闪耀在黑色的夜空，书架的造型也是卡通设计，极具喜感

未来岛 | 玻璃绿植中庭

抬眼可及的位置，是以玻璃环绕而成的绿植岛屿，透明而独立。这座秘密花园，和四方书物一起传递着诗与远方的存在。

形如宇宙飞船控制台的收银区

通过丰富的想象、艺术化的表达、材料娴熟的运用、空间尺度的精准拿捏、色彩质地的细微感知，打破原有钢筋混凝土的僵硬，重塑人们对空间的理解，生成超越现实的想象。

启梦 | 活动演讲区

未来是多种可能性，演讲活动区作为一个空间，更讲求人与人之间的交流互动。在"未来"设计上更重视空间的独立性与空间内交流的便利性。利用几何与流线形成平衡，通过书架隔断突出独立性，满足演讲区域的功能需要。

右页图： 绿植造景放在空间的中心位置，玻璃的透明感与绿色植物的生机感，造就了书店的特色空间

左页上图： 演讲空间可容纳几十人，这里是知识与知识的碰撞，也是文化传承的平台

左页下图： 特色的裸砖墙上写着"言几又"，墙体是流线的波浪形，使空间动感十足

坐标：中国，西安

曲江书城
—— 书香伴花香的暖城

文 / 编辑：高红

新华书店曲江书城的设计灵感回归书的本质——纸，"千页空间""镜像宇宙""仓颉步道""时光廊桥""艺文长廊"等空间设计都与"纸"元素或"折纸"艺术有关，"纸"是这座书城的设计主题。

书城整体设计以简洁大气的轻工业风融合古城特有的文化传承，在兼具实用性的同时，更创造出灵动的空间感，给读者与众不同的视觉享受。图书的选品以文学艺术、人文社科、少儿读物、外文原版为主，图书与商品混搭，以情景式陈列。

书城一层为生活美学区域，图书包含国外原版图书、建筑设计、旅游、音乐影视、运动园艺、杂志、书城精选、新华推荐等轻松阅读种类，读者可以在中央大厅的挑空区静坐阅读。一层同样是重要的活动空间，这里不但会举行读者见面会、新书签售会、创意市集、艺术展览等大型活动，诸如摄影沙龙、旅友分享会等小型交流活动也分布在一层的各个活动区域。

书城二层为"重磅"阅读区域，容纳了书城近60%的藏书，可以满足读者的各种阅读需求。除了浓厚的学术氛围，还有轻松的文化交流活动加以调剂，在书城的文化讲堂区会有各个领域的专家与您分享阅读的收获和快乐。二层同时配有时间简史咖啡和观唐茶文化体验区，书香融合着咖啡和茶的香气，让读书变得更有情调。

书城三层是注重体验的乐活体验区，分布着手作区、开放厨房、创意画室、高科技板块等互动体验区域，感受关于创造的惊喜，体会生活的另外一种可能。另一边的儿童乐园是孩子们玩耍的天堂。儿童阅读区里多种国内外精品绘本，给孩子们创造了一个想象的世界。儿童玩具区里，多样的主题体验让孩子在玩中学，在学中玩，激发孩子的想象力、创造力。三层的图书种类主要涉及生活休闲、优生育儿、保健食谱、绘本、文教课辅导、课外阅读、国外原版少儿图书类等。

直通天花板的书架沿着墙弧形排列，两侧的长桌排列形成了天然的空间分割，让游客以这样的一个流线进入此浏览空间，赞叹视觉的震撼、感受知识的力量

在各色图书中，穿插着各种精美的笔记本以及其他的小饰物的展台；不但给单调的图书空间增添了色彩，而且将设计理念"纸"淋漓展现，让整个书店充满了人文气息

左页图： 首层为生活美学区域，主要理念为轻松阅读。位于首层的国外原版图书区，通过个性的装饰与古香古色的书架，在兼具实用性的同时，创造出轻盈的空间和自由的风格，给读者别样的视觉享受

右页图： 运动园艺区也位于首层，映入眼帘的是充满了生命气息的盆栽装饰和墙上活力四射的公赛自行车以及各类运动装备。在此空间中阅读，让人置身清新的大自然，让读书充满活力，充分体现了"生活美学"的设计初衷

书香的软装 —— 人与书籍的新式空间共处

复古相框　陶瓷壶

陶瓷碗　花艺摆设

好的装饰物就好像一个设计的点睛之笔。传统气息浓烈而又精致的茶具与欧式相框和美丽的盆栽花艺,使本来沉寂单调的图书空间变得生机盎然。中式传统与现代轻工的交相辉映,书香融合着现代工艺和茶的香气,让读书变得更有情调。

李想

唯想国际创始人 / 董事长 / 创意总监
毕业于英国伯明翰城市大学 RIBA 认证建筑系。
2011 年创立唯想建筑设计（上海）有限公司，
创立公司之后跨界参与
多项商业室内设计并荣获了很多国内外知名大奖。
2015 年创立家具品牌。

>>> 1.3

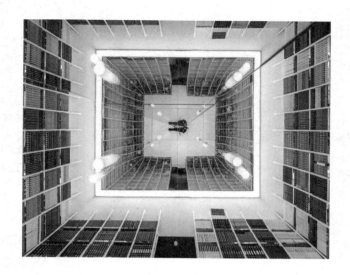

"醉美" 钟书阁

钟书阁，取钟情于书之意，现已是"最美书店"的代名词。

钟书阁不仅仅是一家书店，也是一次超凡思维的实际运用，一种生活理念的更新换代。其设计师李想曾说过："设计的核心就是优质和传递快乐，旨在通过创意的手法展现闲适与幽默的视觉风格。"

因此，本节选取 5 个钟书阁的案例，以便读者在欣赏优秀设计的同时，也对钟书阁本身有更深入的了解。

坐标：中国，上海

闵行钟书阁
—— 木色之美

设计单位：唯想国际
设计总监：李想
设计团队：刘欢 范晨 童妮娜
摄影：邵峰
文 / 编辑：高红 苑圆

　　书，不只是一段冷冰冰的文字，它似乐章，用看不见的旋律温暖着人们的心。钟书阁，也不只是一个普通的书店，它用虔诚的信仰宣告一种理念，用真诚的态度诉说着书的本真。

　　闵行钟书阁坐落在闵行区的一个商业园区内。乘电梯至三楼，进入钟书阁，扑面而来的是精致的黑色书墙和白色柔光下的一组组陀螺书架。墙上的黑色书架铿锵有力，设计师用镜面吊顶的手法把两侧书架拉伸至仰望的高度，简单的曲线勾勒出一道道庄重而大气的弧拱。读书卡座低调地设在两厢，读者可以随机坐下，或阅读或停歇，独享自己的时间。沿着庄严的书殿长廊，来到一个类似舞台的厅，顿时觉得豁然开朗。原来在墙的一侧还藏着另外一个空间，书的种类更加丰富。设计师在空间的端头用了镜子，把空间延展到无界，创作出读书隧道的感觉，同时让人有种感悟，学习与阅读会伴随我们一路一生的光景，不管最后时光会停留在哪里……

　　"书中的万花世界，万花筒中的大千繁花。"闵行钟书阁用一种空间语言，续写着对书籍的敬重，对文化的热情，对读者的喜爱，以及一种哲思体悟。

黑色的木质书架延伸到屋顶，亮白的置物
架像陀螺一样旋转在黑色的夜空

远远看去，仿佛是一个时光隧道，穿越知识的隧道，感受书香的味道

本页图： 书架为纯木色与黑色的铁框架组成，房顶被设计成可映射一切的镜子，延伸无限的空间

右页两图： 书架的细节也是不可忽视的，置物的架子将书籍烘托得更为诱人，让人情不自禁地想要阅读

黑色的书架墙与中间的陀螺有着一种静态与动态的呼应，柔和而坚强，安静而精彩！夜色下，一组组白色陀螺随光起舞。陀螺代表着一种平衡，在轮转中找到支点，看似静止的姿态其实包含了很多含义。它像是一个勤奋的芭蕾舞者在练习旋转中找到平衡的自我。以陀螺来意会人生，书中的力量又何尝不是一种鞭策与激励。

三角形的书架上并没有可以放书的层板，其目的在于迎接从天花而来的一束束光晕。光晕通过三角形构架倾斜而下，洒在下面的书架上，像一盏盏路灯，照亮每本书的名字。

中间是一个精致的吧台，书架上的拱弧落在吧台的一角，像是一种天际的联动。地面上优雅地放置着几组黑色的书桌和白色沙发椅，读者可以在这里，点上一杯浓浓香气的咖啡，安静地看书，沉浸在书中的世界。

这里不仅是一间书店，也是一个灵魂空间。钟书阁希望为读者提供探索这世界美好的文字，更希望能创造一片书籍的净土，收藏书籍的灵魂，多维度地感受那一份来自书中的愉悦！

书店中的咖啡区也延续了阅读区的设计，镜子下木质的拱架仿佛悬在空中，跨越千里

设计师利用屋顶的镜子将所有实体物都进行了"镜像"
处理，就像异世界的两个空间同时存在

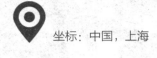

坐标：中国，上海

泰晤士小镇的
钟书阁
—— 星空下的穹顶

设计公司：唯想国际
设计师：李想
文/编辑：高红 苑圆

在实体书店屡陷绝境的当下，钟书阁的确是一个奇迹般的存在。这个有"最美书店"称号的书店，如今又要扩大版图。

这家钟书阁位于泰晤士小镇的一个街角处，600 平方米，共两层。首层是对传统站阅式书店的致敬，创建闲适愉悦、被书海包裹的阅读体验，让公共书店具有私人书房的自在和自由。九间书房组成书籍迷宫，指引路径是澄净人心的知识。

钟书阁二层是书的圣殿。在这里，数不清的作家作品等待您的访问。这是一次与古今中外圣贤的深度对话，也是净化自我灵魂的绝佳时刻。沟通一、二层楼梯间则被彻底改造。楼梯间的背后，是另一种香味的来源。点一杯浓郁的咖啡，看一本小说，香味进入意境，仿佛置身于午后巴黎般惬意。原来的楼梯间则化身书店的门厅，设计师就是想要打造一种人与书"水乳交融"的感觉。

钟书阁，钟情于书。这是滚滚红尘中的一片净土。在这里，设计师用精妙的设计重新定义了书店，重新定义了时间，也重新定义了生活。

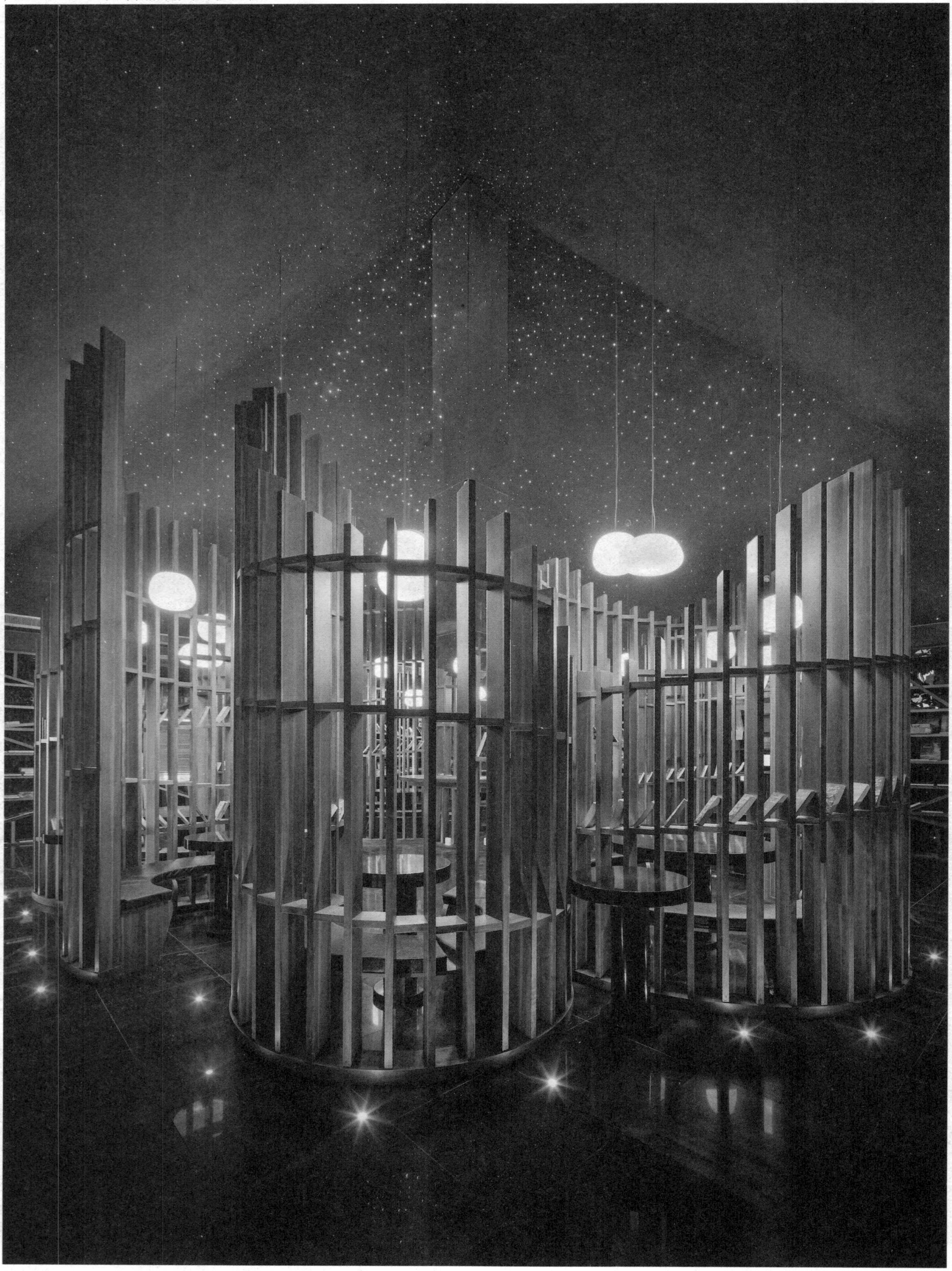

右页左图： "书山有路勤为径"，将地面铺满书籍，用钢化玻璃封存，楼梯的缝隙间也堆满图书，丝毫不浪费每一分空间

右页右图： 书架中设计成可供阅读的临时坐垫

左页图： 阅读区的屋顶星光璀璨，一根根木头排列而成的隔离墙，区分功能空间的同时，也具有一定的私密性

左页图： 抬头看去，仿佛置身"书谷"，被书香围绕

右页图： 阅读区的内部空间被设计成白色系，自下而上慢慢聚拢，有教堂的神圣，也有花园的静谧

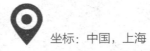

坐标：中国，上海

上海芮欧钟书阁
—— 转角间的未来

设计公司：唯想国际
设计总监：李想
设计团队：刘欢 范晨 童妮娜
摄影：邵峰
文/编辑：高红 苑圆

一座繁忙的城市，车水马龙，唯有斑马线静静地护航与指引。钟书阁芮欧店就在上海的市中心静安区芮欧百货4楼的端头。

乘坐电梯来到四楼，向深处看去，首先映入眼帘的就是钟书阁的字幕玻璃幕墙，干净整洁，灰白色调和谐晕染，层层光晕透过字幕墙的空隙投射出来。

这家钟书阁，也是上海这座繁忙的城市的缩影，在这里读者俨然进入到了一个城市空间，但是这里并没有车水马龙，只有安安静静的路与斑马线，以及书台上成山的书。斑马线好比那一本本伴随我们成长的书籍，在对的时间，遇到对的指引，由此来表达书与读者的精神关联。

接承这个空间的是一个休闲阅读的长廊。穿越这安静的图书公园便来到了书籍的"天空之城"，一条蜿蜒的路径贯穿4幢如建筑般的书架，这里是读者与作者之间的隔空交流与感悟的精神世界。

红尘俗世，向来是每个人都逃不开的诱惑。芮欧钟书阁从安静的马路街景到公园闲适的环境再到建筑群的精神空间，表达了繁忙浮躁的城市节奏下，书籍作为生活的陪伴，像是城市的各种功能与我们生活的关联。

右页图： 白色与灰色混搭，极具未来感

左页图： 墙上可伸缩的一根根白色圆筒柱体，可置物也可装饰

转角间，可遇到一本心仪的书籍，也可发现一片未知的世界

　　素色的混凝土映射着城市的马路颜色，白色摆书台横竖有致静立路面，连接每个书台的地面画着一条条白色的人行横道线条，指引着书台与书台间的路径。

　　满墙阵列的白色圆管，每一根都可以自由伸缩。灵活的设计可以塑造不同样式的阵列图形。这种变换的形式既是摆放书的架台，也映射了快速变换的社会现状。

　　书架之间的路径宽窄渐变，曲径蜿蜒间可见地面标示的斑马路线，犹如走在上海的百年街道，感受老上海的浪漫与情怀。长长的公园椅子，书架设在两侧，书墙每隔一段就会有一盏路灯。这里不仅是读书长廊，更是一个室内读书公园。漫步于书的林海里，沉浸于书的思想中，走累了，看倦了，就坐下休息片刻，放空身体，放空思想，这绝对是一个修身养性的好场所。

　　四间风格各异的书籍馆，面积有大有小，小型的犹如一个安静的书房，大的可以容纳小型的读书会。每一间"书籍馆"外的墙都由书架构成，并保留大面积的可透视窗口。

打破传统书店书架设计格式，由玻璃和木材组合而成，干
净简约，设计感十足

跨页图：两排书架的中间区域设计成一排公园木质长椅，更方便读者阅读

左页图：咖啡区则为灰色系，白色的桌子搭配纯木色的椅子，中间刷成白色的斑马线，空间感十足

坐标：中国，扬州

扬州钟书阁
—— 碎裂的时空穿越

设计公司：唯想国际
设计总监：李想
设计团队：刘欢　范晨　童妮娜
摄影：邵峰
文 / 编辑：高红　苑圆

扬州钟书阁坐落在扬州的珍园里，在秉承以往庄重而富有戏剧化风格的同时，设计团队在设计时还融入了这座历史古城中一个不可或缺的元素——桥梁。

走入扬州钟书阁的正门是书店的前厅通廊，首先映入眼帘的便是文学馆。设计师利用拱桥的概念，延续钟书阁"书天书地"的视觉符号，地面与天空中的河流铿锵前行引领着读者深入浩瀚的知识海洋。两厢的书架自天花板不断向两侧延伸，用优美的弧线结构拉伸天际线的形状，宛如溪流之上的桥梁，搭建着人与书籍之间的那座心灵桥梁。设计师通过研究拱桥及河流的关系，从而得到了一个上下镜像的空间关系，利用各种拱形来连接各个区域，让每一位读者进入这个空间的时候能够充分感受到这空间的震撼力，加上温和的灯光所带来的神秘感，会让读者不由自主地想起桥下的波光粼粼，使人能够心情平和地享受读书的快乐。

丰富多彩又秉承着扬州文化故事的扬州
钟书阁，怎能让人不心动

右页上左图： 每个独立的书架上面都是畅销书推荐，仿佛置身知识的海洋

右页上右图： 像科幻电影里的场景一样，仿佛置身时光隧道，走到尽头就能去到任何想去的地方

右页右下图： 颇具现代风格的白色游戏桌旁立着一把柔软而又很有质感的读书椅。一大张布编和一条柔软条纹毛毯共同营造出一个舒心的小角落。机器人挂画点题"未来"

左页图： 屋顶的上空仿佛被撕裂成一条可见的黑洞，神秘且悠远

水，万物滋生的摇篮，更是文化孕育的温床

扬州应水而生

过往熙攘文人骚客应水指引来此一聚

更是才子佳人厚爱的地方

《红楼梦》中林黛玉思乡想到

"春花秋月，山明水秀，二十四桥，六朝遗风"

不知引发了多少人对二十四桥的联想

2016年，钟书阁也被这个天灵地杰的地方吸引而来

更愿以己之魅力丰富扬州之美

右页图： 童书馆拐角处是一个小巧精致的玩具馆，整齐陈列着成人与儿童的各种学习用具。书架做成可拆解移动的玩具形式，墙上的书架底部可以自由从墙上分离出来兼顾摆书台的功能

左页图： 这样的设计别出心裁，当需要活动场地时，它们又可以移回墙面归位到书架里，化身扬州的街景缩影。儿童进入这个空间，犹如来到了一个卡通版的扬州一般

坐标：中国，杭州

杭州钟书阁
—— 轮转时光的异空间

设计公司：唯想国际
设计总监：李想
设计团队：刘欢 范晨 张笑 童妮娜
摄影：邵峰
文/编辑：高红 苑圆

杭州钟书阁位于杭州滨江区星光大道的商业中心，毗邻钱塘江。从星光大道一期走至二期的林廊，便能看到那熟悉的铺满文字的全通透玻璃幕墙。玻璃幕墙后是一个纯白色的树林空间，跳脱周围环境的束缚。这些白色的树林由一支支圆形的书架柱构成，承载着书籍，掘地而起直冲天际；在天花镜面的倒影下，仿佛现实与虚构的对话。

墙上的镜面又在横向维度上把空间扩大了一倍，仿佛置身于书籍的森林中，设计师希望让读者能感受到知识就如氧气一般，在我们的生活中不可或缺。天花板上镶嵌的一支支小灯柱，就像守卫森林的精灵，欢快地舞动着。地面的摆书台穿梭于森林间，如小溪般灵动，让人或可坐、或可立读于旁，静静地享受阅读的乐趣。

走在森林区中轴线上，借由光柱的指引通过一扇门洞，从轻盈过渡到深沉的钟书阁正殿。一个幽静的读书长廊出现在眼前，整面的书架向着前方无尽延伸。深浅相间，进退有序，犹如"横看成岭侧成峰"的山脉，又犹如高不可攀的天梯，无声地向我们传达着知识所带来的力量。天花镜面里漂浮的一盏盏吊灯，像萤火般柔和整个空间。而灯下的人们或回味于浓香的咖啡，或沉思在书中的世界。

越过长廊便是阶梯阅读区。圆形天光从镜面天花上倾泻而下，环抱式书架配以一道道如漩涡的灯带，如剧场般，一场旷世大剧即将上演，而顾客就是表演者：或坐于软榻、或立身书架旁。此外，阶梯书房也可作为读书交流会的举办场所。

杭州钟书阁外景

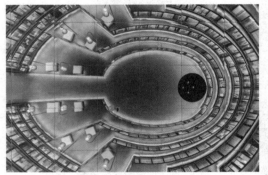

俯瞰阶梯阅读区，整体造型一览无余，剧场般的视觉体验。在镜面天花、书籍摆放以及灯光的互相映衬下，本应杂乱的视觉效果却是清晰整齐对称的，像精美的工艺品一般

大气豪华的阶梯阅读区并没有给人过多的压迫感，反而有一种轻松自由之感。一动一静，相得益彰

狭长的通道将阶梯阅读区与白色树林般的读书区明确分割。两个区域颜色分明，对比明显。长廊的设计使得阶梯阅读区变得更独立、安静和私密

令人震撼的阶梯阅读区，由镜面天花和环抱阶梯式书架构成。镜面的反射和天光的运用让人仿佛置身国家大剧院一般，给人前所未有的读书体验，既大气正式又轻松自由。阶梯式的设计，让读者们可以自由地阅读，并且可以组织读书会。剧院般的设计和感受恰好提供了演说分享的空间，其他的听众书友自然地环绕而坐，悠然自得

英国著名小说家毛姆说过："养成阅读的习惯等于为你自己筑起一个避难所，几乎可以避免生命中所有的灾难。"杭州店秉承着钟书阁对知识的一贯敬重，把对书籍的定义融入到每个空间，通过创意把书籍的神圣感融入到读者的心中。在纷杂袭扰的当下，有一处让心灵休憩的地方。

这间杭州钟书阁中设有儿童馆，这是一个书籍游乐场，设计师用游乐场的设施艺化成书架，旋转木马、过山车、热气球和海盗船，让孩子们有种置身于游乐场中阅读的快乐感受。星系地图绘制而成的地板不仅传递着星系知识，也激发着孩子们无限的想象力。

左页两图：书架由宽窄相间的梯形分割开来，并且不同的列都有自己的主题颜色，远远望去像彩虹般绚丽，这种打破常规的设计让沉稳安静的木制书架变得活泼有趣

右页图：从阶梯阅读区的入口向内看去，狭长的通道让半开敞空间变得独立。阶梯阅读区外的读书区，采用人性化的垂直灯管设计，有效避免了光的反射，自然柔和的灯光让读者更加专注地阅读

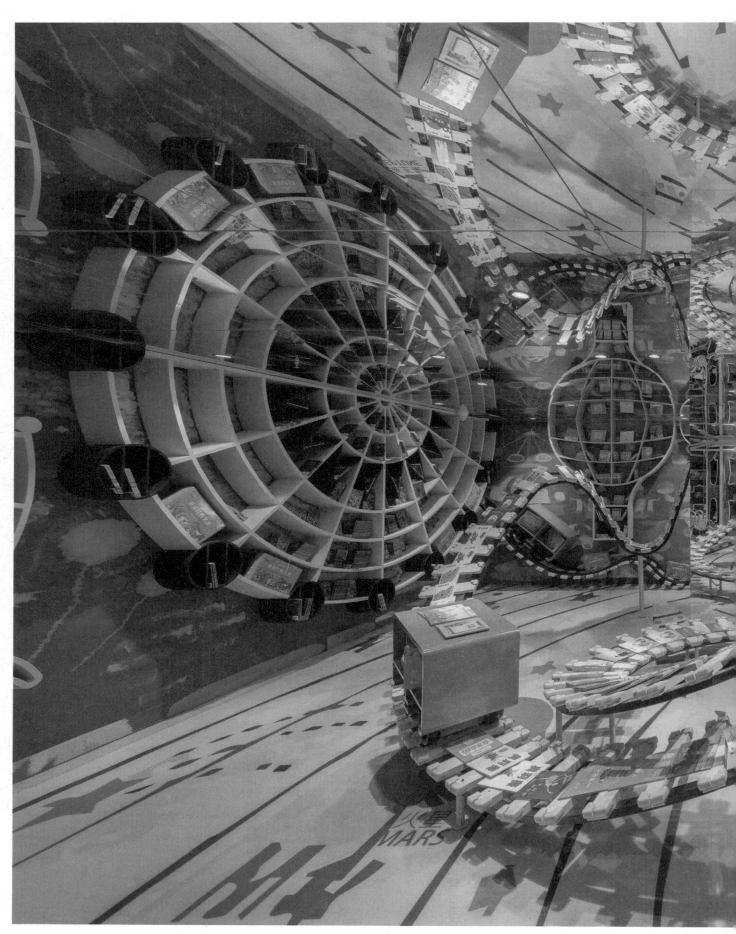

云霄飞车、摩天轮、旋转木马、海盗船……以游乐场改装，变身一座图书乐园，延长所有人的童年

左页图：巧妙地通过镜面天花将半圆的书架从视觉上变成美轮美奂的"摩天轮"。窗花分层分格，使对称的美感与梦幻的视觉糅合

右页左上图：把童话城堡的轮廓用在书架的设计上，让孩子更主动地去寻找属于自己的"宝藏"

右页右上图：粉色的小沙发和板凳、小桌子，更加映衬主题，童趣十足

右页下图：游乐园里肯定少不了惊险刺激的过山车。杭州钟书阁的儿童馆里最夺人眼球的就是莫比乌斯环般的过山车道书架和小火车做的书架

左页图: 灵动的曲线，符合人体工程学的设计，让"过山车"成为最亮眼的装饰和实用的书架
右页图: 旋转木马象征着纯真与浪漫，儿童馆里充满童趣的旋转木马成为了整个场馆的点睛之笔。中间的镂空柱子作为书架，四周的木马成为了可爱自由的阅读座位

白色的立柱作为书架，通过镜面天花将空间维度延伸，给人一种无界的大气感，仿佛置身科幻大片之中，科技感十足

狭长通道的昏黄暗色调和正厅白色的超现代风格产生了极强的视觉冲击，咫尺天涯，穿越两个世界

座位选用黑色的皮质表面，使本来虚幻的空间沉稳下来了。黑色与白色作为阴阳，互相调和

白色柱子中间掏空作为书架，白色的隔板在白色的灯光下好似透明一般。书籍置于其中就像悬浮起来一般，科技感十足

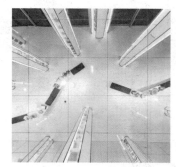

俯视角度下，更加清晰地看到整体的流线和空间布局，折线型的座位将整体的空间分割开来，是整个平面的点睛之笔

桌子上摆放的书籍，既作为读物又作为装饰品，用丰富的颜色打破单调

主厅是一个纯白色的柱子空间，这些白色的圆形书架柱子像一棵棵知识的大树，承载着书籍，崛地而起，直冲天际；在天花镜面的倒影下，仿佛穿越时光的对话。墙面的镜面又在横向维度上把空间扩大了一倍，让整个书籍树林空间像真实的自然。黑色皮质的座面给予空间重量感，阴阳相济

"庄严" 的图书馆

对于图书馆的历史，早在公元前3000年，巴比伦神庙收藏的胶泥板上就有相关的各类记载。最早的图书馆是希腊神庙的藏书之所和附属于希腊哲学书院（公元前4世纪）的藏书之所。我国的图书馆历史也很悠久。早期称为"府"、"阁"、"观"、"台"、"殿"、"院"、"堂"、"斋"、"楼"。"图书馆"这一称谓其实是外来语，19世纪末由日本传入。

统一的布置和色调，虽然简洁，但是缺乏生活感和设计感，这是我们对图书馆的一贯印象。本节将展示4个优秀的国内外图书馆案例，这些设计庄严不失俏皮，冷淡不失热情，是未来图书馆设计转型的先锋队。

坐标：中国，贵阳

社区图书馆
—— 中铁售楼中心

设计公司：Van Wang Architects (VWA)
设计师：汪剑伶 乔沙维 宁旭 郭宜 王倩
文／编辑：高红 苑圆

2016 年，借着票选"你心中的最美图书馆"活动的东风，中铁售楼中心和社区图书馆成功引起了各界人士的目光。它坐落于贵阳，曾作为中铁地产集团地标性建筑向世人展示中铁所要出售的楼盘，集时尚、优雅、尊贵为一体，吸引众多购房者在此选购房产。售楼处，是开发商的面貌，是姿态的呈现，是精神面貌的表达。足够优秀的它，很快便完成了自己所肩负的楼房销售使命。

因它独特的内外在气质，成功避免了传统售楼处完成销售目的后被拆除的命运。这个1700 平方米的场所，如果真的被拆除无疑是对资源和能源的巨大浪费。因此 Van Wang Architects (VWA) 的设计团队于 2016 年对它进行设计改造，以最小化不必要的损耗并保持建筑的继续运行成为了这个项目的设计出发点。设计师将销售中心与社区图书馆进行整合，实现一种共生的功能。在设计团队的精心设计下，中铁售楼中心又重获生命，被赋予全新的价值。作为阅读空间的存在，向世人展示商务性与社区公众性的成功融合。

经典的格子式组合书柜,整齐有致地码放着各类书籍,超大容量中没有一丝凌乱。再配以黑色现代皮质沙发构成的阅读区,整个空间完美诠释着一种有型、庄重感

墙的位置，被高大的书架代替

个性的竖条灯，像被暂停的流星雨，永远发光发热，不会陨落

玻璃与金属结合的旋转楼梯，与木质书架相映成趣

左页上图： 木质结构板对空间的整体覆盖，一种自然与原始之美溢于言表，惊叹于这种大胆的纯木色设计

右页上图： 悬挂式楼梯和夹楼不需要新的支撑。把两组书架联系起来的夹层连廊不光提供了更多阅读的空间，也使得整个空间更加富有戏剧性和动感

右页下图： 沿着过道，书随拿随看，人们再也无法行迹匆匆，普通的过道都成了最美的风景

跨页图： 连廊由独立的钢结构悬挑出来，柱子则隐藏在书架里，使得人们几乎感受不到它的存在，但却能行走于其上，这也正是整个空间的特色

　　设计的灵感源自积木玩具，将书架以积木的方式组搭，围绕着两个中庭，从地面直击天花，由此空间功能被重新演绎。

　　搭接产生的缝隙自然而然地成为了人们穿行的空间。中庭里，书架边悬置而出的楼梯，增加新夹层的同时，也勾连着一、二层之间的联系。

　　为了强化图书馆的视觉效果，满足后续不断增加的藏书量，建筑师运用连绵环绕的高书墙设计，用中庭挑高空间让书柜由下而上持续延伸，营造出磅礴气势，给游客以震撼的视觉体验，在群书环绕之中又产生静谧沉稳的品书氛围。

黑色墙体，黑白相间的连排座椅，现代感十足，木质墙体吊顶，营造出亲近自然的氛围

坐标：瑞典，法伦

达拉纳媒体图书馆

—— 不一样的阅读空间

设计师：ADEPT
摄影：BaraBild Kaare Viemose
文 / 编辑：高红 苑圆

在瑞典法伦，遇见不一样的自己……

地处北欧的瑞典，风景秀丽，随手拍出的照片都可以定格为明信片。达拉纳大学位于瑞典的中部城镇法伦，新图书馆就在达拉纳大学的校门口附近。达拉纳大学新图书馆占地 3000 平方米，分为三层，内部采用螺旋式设计。它是一个全能型的图书馆，将图书馆和多媒体功能结合起来，扩大了图书馆功能，使其不再局限于看书和学习。中间是一个开放性的剧场，可以举办会议或讲座等活动。周围被层层书架所环绕，创造出了一些相对安静的小空间。

图书馆内的图书摆放也十分人性化，这里所有的书最高处只摆放到书架第四层，方便所有人取书看书。

设计师将图书馆周围一个巨大的停车场改造为一个综合的城市大厦，极大地优化了周边建筑的公共空间。建筑外墙采用西伯利亚松木，外立面装饰着一圈排列整齐的钢材，达拉纳大学的校徽也镶嵌其中。由于使用了反光钢材，建筑四周的景色都会被映射在外立面上，以此强调建筑与校园环境间的联系。

作为图书馆的附属建筑，达拉纳媒体广场的设计是灵活的，在具体的使用过程中会不断改善。广场是一个娱乐休闲功能和家具的混合体，为图书馆和地区游客提供出行和游览场所。

左页图： 图书馆的设计概念是一个"知识的螺旋体"。漩涡螺旋式的设计创造了各种不同的学习环境，学生们可以在公共区域参与图书馆各类的活动，也可以拥有不同角落里的私密空间。不同的声音层次和活动创造了一个多样的图书馆。格子排布的灯，不仅节能美观大方，而且有效柔和了灯光，营造出舒适的读书环境

右页上图： 书架依墙而建，而且人性化地将书籍摆放到四层格子，让读书变得轻松随意，简单自然

右页下图： 在开敞的空间里，通过螺旋设计和平面的安排，营造出独有的私密空间。人群纷纷扰扰，角落里的读者却悠然自得不受打扰

坐标：法国，巴黎

法国国家艺术历史图书馆
—— 黎塞留方院改造

设计师：Raphaële Le Petit Guillaume Céleste Céline Becker Nicolas Reculeau
文 / 编辑：高红 苑圆

　　黎塞留方院是法国国家图书馆的前身，包含有大量珍贵藏品和阅览室的手稿区，地图区、硬币、勋章和古董区以及艺术表演区。1993 年开始，这里也是法国国家艺术历史图书馆所在地；几个月前，随着改造工程的第一阶段完工，法国 Chartes 学校图书馆也迁址于此。三个机构在巴黎中心形成了一个世界级的艺术和历史展示区。

　　21 世纪初期，这座宏伟建筑的技术、安保设施及藏品保存环境都已过时，对建筑进行彻底翻修变得迫在眉睫。这次的改造将从整体上对建筑进行大规模的修复。

　　项目于 2011 年开工，分为两个阶段，在确保建造工程顺利进行的同时，保持面向 Vivienne 大街一侧的图书馆部分继续开放。图书馆的建造历史悠久，通常是由每个时期主要的建筑师主持修建，也是各时期各具特色的建筑遗迹。因此，本次项目的主要难点就是在建筑和不断变化的功能之间找平衡。

　　设计师根据空间种类的不同，将建筑、历史和技术以不同的方式"编织"在一起，这样的"三方对话"指引并贯穿于图书馆改造的始终。

　　建筑的部分主轴流线被重新组织，设计师用一系列垂直分布的柱子来组织建筑的垂直交通流线，这些新的垂直和水平方向的流线贯通建筑的东西南北，在组织技术网格的同时，使使用者的参观线路变得更加便捷。楼梯和电梯被安置于主要房间之间的空隙中。

　　设计师重新打通了连续房间的隔断，以门厅来取代原有的公众接待区域。庭院一侧的入口和花园一侧的入口都通向同一个接待门厅，在图书馆外侧创造了一个舒适的过渡空间。贯通的门厅连接方院曾经脱节的两侧空间，以及一层的椭圆厅和二层的拉布鲁斯特阅览室这两个巨大的空间。设计师把之前加设于陈列室中的复杂金属结构暴露出来，将历史元素的保护和铝格栅、不锈钢网、LED 照明、配线管道、通风系统等现代建筑语言结合在一起，形成了综合的建筑空间。由于新天花的反射作用以及铸铁楼板上排烟铝格栅的透明性，高处的灯具可以有效照亮下部空间，使得过去的照明得以被保存。设计师通过中央大堂和巨大的室内透明窗保留了阅览室和陈列室之间的连接，将陈列室内部的诗意全部展现在了人们面前。

　　图书陈列室原本的金属和木材自承重结构及由铸铁格栅构成的地面被保留，里面设置阅读区，让读者可以在藏品间穿梭。根据空间的不同，设计师在第二阅览室的墙面、天花和窗户中使用了多种更新建筑的手段，有些隐蔽，有些外露。改造后的或新或旧的房间都体现了设计的核心理念——历史与现代的融合。

　　设计师从涂料、灯光和技术方面对 Viennot 画廊进行了翻新，由于这里不对公众开放，因此铸铁栅格和护栏得以维持原貌。Petits- Champs 画廊被改造为巴黎文献学院的第二阅览室，设备全面更新，也面向公众开放。阅读区穿插于藏品架之间，让人们可以近距离接触这里的文献。

　　Petit-Champs 圆厅由三个圆厅叠加而成。本次改造后，位于首层的圆厅成了巴黎文献学院的入口，运用木材、石头、玻璃和金属等一系列现代语汇，以适应新的要求。走廊和弯曲的隔墙被灯光照亮，强调出了建筑的空间。位于二层的历史陈列室曾经是"捐赠室"，现在则是文献学院珍贵工作成果的储藏室。三层屋顶下的圆顶陈列室被改造成了办公和会议空间，其中裸露的木制结构被彻底翻修，在人工照明和天窗采光的共同作用下，如艺术展品一般呈现在世人面前。

法国国家图书馆、法国国家艺术历史图书馆、Chartes 学校图书馆三个声名显赫的机构如同三枚宝石，被收放在同一个"首饰盒"中，在巴黎中心形成了一个世界级的艺术和历史展示区

中央图书陈列室独特的空间反映了建筑悠久的历史，也因此，其历史建筑特征——柱式、桌椅、台灯、拱券得到了保留

左页图：建筑师根据空间的不同在墙面、天花和窗户中使用了多种更新建筑的手段，有些通过木格栅隐蔽，有些直接外露。改造后的或新或旧的房间都体现了设计的核心理念，将历史与现代编织在了一起

右页图：有些阅览室是新建的，有些则是在原址上进行了修复，在最终的设计成果中，建筑师保留了图书陈列室原本的金属、木材自承重结构和由铸铁格栅构成的地面，并且在其中设置阅读区，让读者可以在藏品间穿梭

左页上图： 书架藏书丰富，每一层都是知识的海洋

左页下图： 不同的建筑元素符号，代表着不同时期的建筑特征，门厅引导从 Vivienne 大街和 Richelieu 大街进入的人流，入口大厅与其他空间的连廊，体现了历史与现代的结合

右页图： 手稿阅览室的历史结构基本保留，栏杆间设置金属网以提高安全性，和中央图书陈列室一样，阅读区穿插于藏品架之间，让人们可以近距离接触这里的文献

坐标：法国，法属圭亚那，卡宴

卡宴大学新图书馆
—— 多彩的阅读空间

建筑师：rh+ architecture
建筑师合伙人：ARA - Jocelin Ho-Tin-Noé
文 / 编辑：高红 苑圆

大学图书馆是学校的心脏，是绝对的知识圣殿，也很可能是当地的重要标志性建筑。卡宴大学的新图书馆就是这样的存在，位于南美洲法属圭亚那的首府卡宴，一座充满民族风情的典型加勒比海小城。

图书馆外层安置在一个巨大的百叶木格栅方体内，图书馆本体与格栅之间的半室外空间名为"画廊"，可以遮风挡雨，也可以充当一个开放的公共聚会空间。

卡宴位于赤道附近，因此，图书馆的设计也充分考虑了环境因素。设计师利用建筑的双层外立面防止过多的阳光进入室内。在立面上开大小不一的小型窗口使得自然光均匀柔和进入室内，形成漫反射照明，避免直射光。此外，辅助的人工照明也是力求均匀柔和的。

建筑由两部分组成，对大众开放的空间位于首层和中间层，行政空间位于首层和上层。为了能使自然光射入建筑中心，建造了两个露台，中心露台成为连接要素的重要部分。办公区和普通房间分布于楼梯间两侧，可以享受到外部自然光和景色。

所有外立面，尤其是东西向的外立面都是由这种木质的过滤器保护着，形成一个非常高效的遮阳板。同时采用隔音天花板、隔音石膏墙线等吸音材料保证室内安静。

该图书馆的建立最大程度地避免了建筑施工对周围人和环境的影响。

左页上图： 该图书馆主要分为两个部分，公共区域和办公辅助区域，这两个部分通过一个走廊联系。办公辅助区域采用大面积红色涂料，增加工作人员办公的热情和警示性；而公共区域则用黄绿色较多，使人们能够安静舒适地阅读

左页下图： 办公辅助区域四面开敞，使工作人员能够更加清楚直观地看到周围公共区域的情况，同时夹层增加了使用面积，丰富了空间体验

右页左图： 室内强调避免直射光，在立面上开大小不一的小型窗口，使得自然光均匀柔和进入室内，形成漫反射照明，同时增加趣味感，避免单调。人工辅助照明也均匀而柔和

右页右图： 人工照明的选择也是别具一格的，仿若一根线吊着一颗夜明珠一般，华丽而不失优雅。室内墙体则是采用凹凸不平的吸声材料，以确保室内的安静

左页图： 光线透过大小不一的窗户在地面上形成斑驳的光点，黄绿色与红色的涂料在大面积白墙和灰地中打破单调，增加趣味感，包括下垂的"夜明珠"，为"严肃"的图书馆增加了一丝趣味

右页上图： 公共上网区域位于下层上空，上层能够看到下层，视野更加广阔，天花板全部采用吸声材料。无论是太阳光线还是人工照明，都非常柔和，不会炫光，也不会影响人看电脑屏幕的视觉效果

右页下图： 色彩斑斓的座椅和书架将空间点缀得分外活泼

>>> 1.5

独特的图书间

本节重点展示8个独立的图书空间，包括林中小屋、酒店阅览区、楼梯间、展示艺术等，从各功能空间来解读书籍的使用。

为了丰富经营内容，现在的酒店和民宿都会在店里设置一角书屋，来增添店内的情调。居家空间中的楼梯空调乏味，在楼梯上做个小书架来进行功能性改造。将阅读区变得更适合儿童玩耍，寓教于乐。这样的设计是每个人心中的想法，却不知道怎么落实。如何设计才能将传统意义上的书架和书房变得生动有趣，这里就会对其进行详细分解展示，特别是图书空间中软装的选择和颜色的搭配。

坐标：意大利，瓦雷泽

Casa Andrea
—— 度假屋

设计公司：duearchitetti
灯光设计师：Davide Groppi Ingo Maure
椅子设计师：mod. Chiavarine
摄影：Simone Bossi
文 / 编辑：高红

该公寓位于一幢18世纪后期的美丽建筑的顶层（即第三层）。为了抓住建筑的灵魂，设计师精妙地借鉴了历史，使整体墙面呈现出暖黄色调，不同的房间也配备不同的百叶窗。

公寓按照当地的尺寸划分房间，漂亮的门、明亮的窗、铜质把手，在冬日阳光的晕染下，将人带入了一处真实、匀称的美丽空间中。木质天花板所处的高度更使得未来的设计充满可能性，均匀的混凝土地面成为光的舞台，其连续的表面以一种与木质吊顶互补的方式进行对话。

设计师在改建过程中加强了原有的良好室内外联系，并以更加优雅的方式加以呈现。

除了阳台，房屋的三面墙上均匀分布着大窗户，为室内带来源源不断的新鲜空气，也满足交叉通风的需求。

入口处那些美丽纹路的榆木也应用在图书室和厨房。榆木那特别的色彩与纹理搭配混凝土使用，更凸显出空间自然纯朴的气质。这是专门为少量房子保留的优待权。

带有两扇百叶窗的平面是按照纵向轴和对角轴做出的，通向房间，然后继续到达周围公园的温室的开放处。我们的项目必须通过对其区分，来扩大现有环境。公用线必须要细致。

好的阅读空间应该是静谧的，不需要繁琐的装饰，一张桌子、一把椅子、一本书，还有一扇美丽的窗，推开后绿意浓浓、生机盎然

木质的书架配上白色的门，简约又不简单

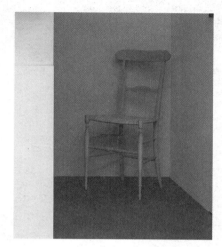

舒适的椅子是阅读时必不可少的搭配

一束温和的冬日之光揭示了一个真正的标准比例的空间，这个空间被分为很多尺寸不一的房间。

许多漂亮的门，两扇百叶窗和铜把手，标志着从一个环境过渡到另外一个环境。木质吊顶的高度激发了我们对未来规划方案的灵感。

除了走廊，窗户都很大且尺寸相等，分布于房间的三个地方。

光线均匀且连续地射入所有北边的房间，用蓝色渲染了空气。另一方面，一束高贵大气的移动光影使位于东边和南边的房间充满了温暖。

左页图：蓝色的阅读桌与白色的墙形成强烈对比，却又稍有和谐之感。桌子上的白色圆灯，体现了设计的简约美

右页左图：造型简单的黑色阅读桌配上木色的椅子，将淡色的空间瞬间沉淀下来

右页右图：不同的光线映射出不同的空间感，蓝色的光线给读者一种安静、洁白之感，淡黄色的空间则给人一种温暖、美好的感觉

坐标：中国，上海

童心塑造玩趣空间
—— 目心设计研究室

项目设计：孙浩辰 张雷 张仪烨
摄影师：张大齐
文 / 编辑：高红 苑圆

如果生活里没有书，就像植物没有阳光，像鸟儿没有翅膀。阅读是儿童获取知识、了解人生的有效途径，家长也都希望能从小培养孩子的阅读习惯。因此，良好的读书环境和阅读氛围尤显重要。童心塑造玩趣空间就是这样一个地方。

童心塑造玩趣空间位于上海，其多变的空间类型，为孩子们提供探索的动力，丰富了儿童间嬉戏与互动的方式。在体验式的儿童阅读空间中，通过对空间的塑型，创造出符合儿童特质的体验场所，从而激发儿童的想象力与创造力。在空间的不同领域进行设置限定，引导孩子们自发地探索自由与隐私的界限，促成其个性的发展。在不同空间中的不同活动，则体现了孩子们外向与内向的不同性格特质。

在有限的空间和层高环境里，设计多个高低错落的阶梯、兼作为座椅的书架、蜿蜒起伏的坡道、高度合宜的拱形门洞，其尺度皆以儿童的身体尺寸为依据。在保障安全的同时，满足孩子们爬上爬下、躲躲藏藏的爱好。

为了给孩子提供更亲近大自然的成长环境，设计师以木材作为主要材料，白色作搭配，灰色柔软的室内地 F 胶打底，在空间的各个边界处安置多种绿色植被，使空间与周边植物环境和谐共生。

圆环式的书架使空间更加活泼可爱，两层的书架设计也
方便了孩子的阅读，墙体采用曲线结构、窗和门的造型
则采用童话故事里的拱形设计，增添了很多童趣

古人云："读万卷书，行万里路。"

哲人也说："书籍是人类进步的阶梯。"

当你的孩子爱上阅读，便学会如何去爱这个世界……

空间的中心部分被设计成一个圆形下沉式阅读区，铺设绿色的地毯供孩子玩耍和休憩，环绕的3层的书架结构，第一层可以坐在上面玩耍，第二层和第三层则用来装置图书和玩具

流线型的开放阅读区

概念分析：开放与独立、共享与私密、室
内与室外的不同空间体验

高低错落的阶梯，可作为座椅的中心书架

半开放的独立阅读区

绿色植物从"室外"透进来

流畅婉转的隔断墙体

拱门外的环形过道

空间全部采用纯木色包裹形式，在距离地面约50厘米的
座位下安装发光灯带，配上拱形的室内窗，营造一个温
暖舒适的休憩氛围

蜂巢式的空间设计使每个隔间都自成一个天地，拥有不同感
受体验

谁要能看透孩子的生命，就能看到湮埋在阴影中的世界，看到正在组织中的星云，方在酝酿的宇宙。儿童的生命是无限的，它是一切……

——罗曼·罗兰（法）

流线型的墙体设置在儿童空间里是最适合的了。既体现了孩子活波好动的性格又打破了空间的呆板感受

左页图： 整个空间都铺设软硬适中的地毯，在保护孩子安全的同时，也避免了孩子在各功能区玩耍时换鞋的烦恼
右页两图： 无论是屋顶、墙体、门窗、书架、地面均采用弧形设计

坐标：中国，北京

万科云朵童书Club
—— 云朵下的温暖

项目设计师：王承龙 刘凌晨 付饶 李天琦
黑板画艺术家：范美玲
摄影：刘福忠
文 / 编辑：高红 苑圆

在电子阅读兴盛的今天，仍有不少人对实体书店一往情深。优雅静谧的阅读环境、萦绕于指尖的墨香，这是读者亲自体验到的阅读之美，对儿童来说更是如此。因而，创造一个充满童趣的实体书店，成为很多设计师的目标。

SLOW Architects 在 2010 年创立于北京，希望能为人们提供一个享受"慢"的机会。万科云朵童书 Club，便是他们的一次尝试。

设计师在已有空间里创建儿童阅读区域。一朵巨型白云飘进室内，与小鹿凳子、绵羊摇马、山形书架、满墙壁画一起创造出属于小朋友的童话世界，为不同规模的儿童活动提供场所，懒人沙发则供同行的家长休息。

另一区域订制的云朵形的超大矮桌与主题呼应，可举行小朋友集体活动。对面墙上的粉笔画采用占满墙面的巨大构图，让儿童区的氛围扩展到整个空间。不受拘束的超现实画作会启发小朋友的想象力，一群小怪兽的身体留给小朋友自由涂鸦，享受绘画的乐趣。

这些图画的寓意是：书籍就像一只只腼腆而又友善的小怪兽。如果你主动亲近它们，它们就会带你走进藏满宝藏的神秘森林。接触以前从未接触过的新事物时，大家心情会很紧张，但没有冒险就不会有意外的收获，当看到最终柔和梦幻的氛围时，大家都很开心。

落地窗边布置几个阅读小桌子，仿真动物皮毛制成的小凳子，一个绵羊形状的摇椅，上空点缀着白色云朵状的造型，自然又不失活泼

空间被分成两个功能区，落地窗边的区域铺设地毯，孩子和家长可以不用穿鞋在上面阅读、娱乐，下面的地板区域则是为家长们设计的，方便家长与孩子间的互动

金字塔式书柜，花瓣形桌子，麋鹿款凳子。赶快坐好，精彩的童话故事开讲喽

没长大的孩子，不想老的大人，在这里，童言无忌，一起疯狂，一起成长

黑色的漫画形象呆萌可爱

跨页图： 这面手绘墙是整个空间的点睛之笔，不仅有书店的名字，还有 5 个黑色体型各异的小伙伴欢呼雀跃地走在丛林里，丛林里的每棵树颜色丰富多彩，绘画者所表达的也是积极向上、乐观无忧的生活理念

坐标：捷克共和国

花园图书馆
—— Garden library

设计师：Daniel Rohan Jan Vondrak Daniel Baudis Jan Mach Lukas Holub Pavel Nalezeny a Jakub Adamec
摄影：Barbora Kuklíková
文 / 编辑：高红 苑圆

捷克共和国丘陵起伏，森林密布，风景秀丽。这里有高耸的彩绘城堡之塔、罗马式的绿色尖塔红瓦建筑群、绿色树木、远山溪流、错落有致的古老石屋，蓝天白云使小镇如梦如幻，蜿蜒起伏的伏尔塔瓦河环抱整个小镇，河畔连片红屋顶房屋高低起伏，浪漫深入骨髓的布拉格到处都透着浪漫的气息。在这里不仅能感受关于光与景的美景，也能在花园图书馆感受读书的乐趣。

花园图书馆位于捷克 Zadní Třebáň，共有两层。阅览室位于一层，有壁炉；二层是一个可以休息和瞭望风景的地方。图书馆有一个开放的屋顶，可以用作观景台。图书馆曾被烧毁，现已修复完善。

图书馆主人对它的改造十分满意。主人最爱的是这个花园里的"书柜"，还作诗以表喜爱之情："花园内的书柜，爱 Třebáň 夏季的味道，尽管会有异味混淆我的嗅觉，但是它依然湿润美好。大坝旁，孩子们嬉水玩耍，蚊子还是会烦人，但这不会影响孩子们快乐的心情。"你可以在此读一本又一本的书，时而阴雨连绵，时而雷电交加，但内心依然平和美好。

书屋更像是一个巨大的礼品盒子，拆开上面的盖子，就能蹦出惊喜

左页上图：第二层的位置可容纳 3 个人，采用的是原木结构，隔层是由一根根原木拼凑而成，这样的设计使空间具有通透感

左页右图：图书馆的结构是由木头和胶合板组成，承重架构就是图书馆其本身，外立面铺满玻璃纤维

右页图：窗体采用封闭式长方形玻璃，从二楼可以透过高大的树林眺望远方，倚在书架上阅读

右页上图：书架是直通的，在书架旁设计一个可以通向二楼的梯子，可以做攀爬和置物之用

右页下图：与书架的原木色不同，藤编的桌子和纯实木椅子都是深棕色，为浅色的空间增添一丝沉稳

左页图：一把舒适的躺椅、一本好书、美丽的风景，这就是惬意享受生活的状态

坐标：意大利，米兰

位于兵工厂的家
—— 展示住宅理念的策展图书馆

设计师：Maarten Kolk & Guus Kusters

文 / 编辑：高红

馆长将住宅作为当前热门的社会与环境问题的展示平台，来响应"来自前方的报道"的主题。他构想了一个 1 : 1 的特定场地适合居住的空间木制结构，一个抽象的压缩户型是一家策展图书馆，作为展览会期间及会后探讨住宅理念的一个平台。

为了建立拥有集体智慧的策展图书馆，馆长以及受邀出席的建筑师、艺术家、评论家每人挑选十来本展示住宅理念的书，以分享他们在各自领域所积累的知识和经验。这个约有 300 本书的展位会转移到位于卢布尔雅那的建筑设计博物馆内，继续供大家使用。

置于老兵工厂内的木制构筑物，用"低技术、低分辨率"的方法将水平方向和垂直方向的收架元素组织成一个综合的特定场地空间系统，对物质以及非物质环境做出反应，构筑物用于展示住宅理念，作为知识的象征，采用分布和定位阳光的垂直元素的方式，在木质结构中将阳光进行物质化

站在兵工厂窗外，仍能感到冷冷的肃杀感。而向内望去，天然柔和的装饰物温暖了整个建筑

右页两图：水平方向和垂直方向的收架元素组织成一个综合的特定场地空间系统。螺旋环抱其中，就像一个个小板凳有机地堆砌起来，随看随坐，伴随着倾洒的阳光乐在其中

左页图：置身其中，来自岩溶地区的木材在原始状态下给人无比的亲近和自然的感觉，只愿安静的午后置身其中，一品香茗，读一本好书

"位于兵工厂的家"设施的材料定义反映的是威尼斯和斯洛文尼亚之间的历史渊源。来自岩溶地区的木材广泛用于这座水上城市的地基。木材展示了斯洛文尼亚的主要资源，开发其未被使用的潜能，即家居空间的建筑材料。这种对木材的使用和展示，突出其性质和纹理。

"低技术、低分辨率"的方法将水平方向和垂直方向的收架元素组织成一个综合的特定场地空间系统，对物质以及非物质环境做出反应，并定义所有必备的抽象压缩家居或策展图书馆的洞。主要的洞是用来居住或做图书馆用，由现存的书定义，这些书展现的是参展商做捐献的物证。作为知识的象征，采用分布和定位阳光的垂直元素的方式，在木质结构中将阳光进行物质化。

这个"位于兵工厂的家"展位反映的是馆长构筑建筑的风格和方法，同时也强调其社会地位、材料表现和建筑遗产。用户体验和参与感是设计的核心目标。

"位于兵工厂的家"是知识的空间，向参观者和参与者们开放，供他们探究、讨论和体验。富有内涵的物质设施突显建筑的持续能力。接下来，在这里，就家居住宅的相关话题，参展商及其嘉宾们将进行为期六个月的研究讨论。

坐标：英国，伦敦，麦斯威山

楼梯书柜
—— 住宅的私人定制

设计师：Tamir Addadi

摄影：Tamir Addadi

文/编辑：高红 苑圆

客户希望将一个私人住宅阁楼改造成一个带有书柜的卧室，设计师需要为阁楼建造一个新的楼梯间。考虑到紧缩的预算，他们设计了一个综合的方案，即将楼梯和书柜合为一个元素。

设计中最大的挑战是一层楼梯平台的尺寸问题，仅有 1.6 米宽；设计师的目标是让这个空间有明亮的感觉。他们的方案是为阁楼设计一个新的朝南的天窗，使其连接着楼梯书柜的通风结构，使自然光能够照射到房屋的一层和之前黑暗的地面。并且，设计师设计了一个简便连接法，几天内就可以在现场组装完成，省事省力又省钱。

将楼梯与书柜结合在一起，更加节省空间和预算，同时，摆放书籍的小隔间也参差不齐，更加通透，使室外的阳光能够更多地照进楼梯下方的区域。白色的涂料也能反射过多的太阳光线

左页上图： 从下向上看去，有一种屹立冲天的感觉

左页下图： 书架不仅充当了楼梯的扶手，连接不同楼层，还摆在了房间的中心位置。彩色的书脊装点着白色的墙面和楼梯，配合错落有致的书本，给原本单调的楼梯间带来灵动而丰富的变化

右页图： 楼梯和书架由成本较低的木质面板制成，书籍悬空摆放在不同格子里，装饰之余，方便书籍的抽取和归类，也可直接坐在楼梯上看书，灵活且随意

坐标：中国，河南，洛阳

青山村小学图书室
—— 爱的阅读所

摄影：付饶 刘福忠
文/编辑：高红 苑圆

人类一直梦想消除贫困，但真正贫困是精神的苍白和心灵的贫瘠！

青山村小学位于河南省洛阳市嵩县饭坡镇，共有 120 名学生和 7 位老师。学校原有图书室位于教学楼旁加建的一组平房内，面积狭小，光线不足，计划将教学楼内一间空置的教室改为图书室并扩充学校图书，该项目是由桂馨基金会支持的"桂馨书屋"项目。

设计师希望在这间标准化教室内创造一个有趣的建筑空间，让孩子们享受阅读和玩耍的乐趣。学校则希望这间教室除了书架之外，还能成为一个容纳 30 人的阅读课堂。因此，设计团队设计了一个阶梯式的书架，将书架和阶梯座位结合起来。从这点出发，设计师有了一个"小山"的构想，将图书室内部从一个完全开敞的大空间变成分为前面和后面的空间，从前面讲台处只能看到合在一起的阶梯书架和座位，无法看到越过山脊后面的情形。

翻越过山顶，是一个为孩子们准备的"秘密基地"。这是一个隐藏在正面台阶下面的洞穴似的空间，背面的台阶只有一半宽，另一半作为进入这个洞穴的入口。洞穴的空间尺度很小，有很强的围合感。地面处理成波浪形曲面营造柔软感，孩子们可以或倚靠，或躺下，自由自在地享受阅读乐趣。

图书空间都是由木材构成

设计师希望在这样一个小的建筑内创造出尽可能丰富的空间体验，启发孩子们的想象

木质波浪形地面的读书区

楼梯即是书架

木质围栏高大而稳重

　　设计师为这个秘密基地做了一些尺度上的调整，制造一种孩子专属的感觉。例如，翻越山脊时顶部空间高度只有 0.65 米，需要爬过去；洞穴内部最高高度仅 1.4 米且围合感很强，造成"躲在里面"的效果；图书室后半部分抬高，使洞穴入口空间和图书室后门的高度都降低。

　　图书室后面的墙面设置了浅进深的图书展示架，将图书封面向外陈列，作为每周推荐或专题推荐等活动使用。图书室前后门的高差在室内由一个宽坡道连接，同时也是自由活动空间。后门则通过台阶和一个很长的平台与教室楼的外廊连接，创造了一个室外的阅读空间。

　　现图书室已开放使用，补充的图书也已就位。

楼梯既是书架又是阅读区，孩子们可以欢快地在这里阅读

在台阶的下面设计成一个可供阅读的空间

左页图：楼梯下面的小洞穴，波浪形高低起伏的地面，给孩子们创造了更加灵活方便且柔软的看书环境。孩子们可以或躺或靠或趴，姿势随意地看书，同时略带隐私性，创造一个能够放松下来享受阅读和游戏的小场所

右页三图：三幅画是三位自由艺术家专门为图书室创作的，寓意是希望孩子们能够好好读书，在充满爱的环境中健康茁壮成长，发挥自己无限遐想，走出大山，飞向更广阔的天地

艺术家：范美玲

艺术家：肖彤

艺术家：徐艺萌

 坐标：中国，杭州

麦尖青年艺术酒店
—— 简约书吧

设计公司：唯想国际
设计总监：李想
设计团队：范晨 陈丹 吴锋 张笑 任丽娇
摄影：邵峰
文 / 编辑：高红 苑圆

　　麦尖青年艺术酒店坐落在杭州滨江区星光大道商圈内。入口并不起眼，需要从商场内部进入，7 楼。来到门前，小巧简白的酒店门口简单写着"麦尖"两字。设计师设计了一个小回厅在门口，人们需要看到酒店名字之后穿绕过回厅才能进入大堂，回厅的端景处，没有传统的条案配艺术品等装饰，而是一面酒店客房所有所需的用品立面展示，全部漆成白色，用玻璃封装而成一个橱窗，玻璃外面用橙黄色写着大大的"hello"，像是客房里的所有物件齐聚一堂来欢迎即将入住的客人。

　　步入大堂，像书房，像客厅。四墙书架，白色墙面和玻璃的折纸形隔断把休憩区与书架略作区分。走廊的设计简练而有力，曲折向前，每个角落都有画作与涂鸦，更有部分空间用彩色跳棋来装饰天花，像彩虹糖般甜蜜。

　　设计师用日常人们热爱的音乐、绘画与读书来装扮整个酒店的氛围，每层的走廊公共休息空间设有钢琴，让客人自己自娱自乐，音乐也成为陌生人之间无声的交流工具。

　　客房里临窗的画架，是酒店特意准备的，希望每个人都留下珍贵的片刻。电视被一幅巨幅画作遮挡，画作可以拉动，画作上写着打招呼的语言。设计师希望用简练的家具来描绘干净简洁的空间。书桌、床和衣架的功能与美学巧妙结合。傍晚，可以来到酒店的咖啡厅享受悠闲时光，天花板上 7 只小人携降落伞从天而降，拥抱世界。

　　酒店随处可见各种幽默风趣的问候语，与客人形成互动。一间用墙壁来打招呼的酒店，一间像画廊的酒店，一间愿意陪伴你的酒店，一间使你愿意为他人献上一曲一画的酒店。麦尖青年艺术酒店就是这样的一个存在。

左页图：穿过小回厅，进入色彩鲜明的大堂，豁然开朗。座椅的设计采用明亮轻快的黄色和绿色，给人以舒适温馨的感觉。同时不规则的形状打破沉闷

右页图：酒店大堂四周全部是书架，摆满了各式各样的书籍。书架下面有相对应的座椅和茶几，让客人在等待无聊时可以翻几本书阅读，或者喝个下午茶，悠闲舒适。局部用玻璃围合成一个小空间，既通透，又具有阻隔的作用

左页图：步入走廊，每一处的设计都是简练而有力。部分空间的天花板用彩色跳棋来装饰，给人带来强大的视线冲击力，也借由色彩元素去彰显设计的魅力，让人一见倾心

右页图：每层走廊的公共休息区域，都放有较矮的书架和大量书籍，再加上形态前卫的座椅和茶几，更加体现出未来读书的大势所趋。原本陌生的人们，可以在这里相互交流沟通，拉近彼此的距离

左页左图： 一个长方形的橱窗，里面摆满了酒店客房所需的全部用品，玻璃外面用醒目的黄色写着大大的"hello"，以此来热烈欢迎即将入住的客人们。别开生面的设计给人一种宾至如归的亲切感

左页右图： 客房的设计则更具亲和力和舒适性，统一而深浅分明的颜色让空间不乏单调的同时，也保持了纯粹。玻璃的隔断，模糊着机能区域的界线，不知不觉地放大着空间的视野

右页上图： 客房室内装饰更具现代化，简约的黑白色调，简约的床头灯，无不体现着未来的设计感。床底一圈柔和的灯光，温暖祥和

右页下图： 墙上粉白相间的挂画，似乎是一次随意的涂抹，配合上个性的标语，活泼而热情。此外，房间的临窗处都有一个画架，方便客人留下美好的记忆。挂画的背后则是隐藏的电视机

2

插花教程
COURSE

　　第一个案例"复古花盒"为无锡新锐气质花店SAU·芍花店的作品。花艺师均是海外学成归来的花艺师，他们兼容并蓄，善于驾驭进口花材，更精于结合自己的经历和感受制作成风格独具的花艺作品。

　　第二个作品"荷塘月色"是四川成都"蜀国之声"的花艺讲师李丹的作品。李老师曾做过花店店长，担任过13个花艺班主讲老师，目前为商务花艺沙龙讲师和婚礼花艺师。她善用简单的本土花材做出富有东方神韵和禅境的花艺作品。

复古花盒
荷塘月色

复古花盒

花艺师：SAU · 芍花店
文 / 编辑：郑亚男

材料：

洋牡丹、奥斯汀赤目、卡罗拉玫瑰、金辉玫瑰、雪果、大丽花、山里红、黑色辣椒、红色小米、针垫、狂欢泡泡

工具：

一本木质书籍、一块花泥、剪刀

制作步骤:

1. 切好花泥放在木质花盒里,中间靠后插一根木枝,用来抬高书皮壳。

2. 在中心偏右的位置放入一只焦点花材奥斯汀赤目,方向朝前。

3. 围绕赤目,不规则高低地加入大丽菊、红玫瑰。

4. 加入橘色花材,零散地、高低错落地分布在花盒正面左右两边。

5. 加入小一号的花材,如红豆、辣椒、洋牡丹。果实类的花材可以高一点,俏皮一点地摆放。

6. 加入小米、山里红等填入空缺处。做最后调整。

7. 一个复古花盒就做好了,让我们慢慢欣赏吧!

荷塘月色

花艺师: 李丹

文 / 编辑: 郑亚男

材料:

八角叶、睡莲、龙柳、茉莉花、文竹

工具:

麻绳、一块花泥、剪刀

制作步骤:

1. 把龙柳用麻绳绑在一起,用来作为底盘,把花泥绑上去,以便插花。

2. 用文竹把轮廓做出来,文竹叶型细软叶面轻盈。

3. 八角叶的叶面过大,容易把主花挡住,所以先把叶子进行修剪,把它的角剪掉就像荷叶一样,也可以充当荷叶。

4. 插制睡莲,在插制睡莲时要注意材料的质感、线条感。

5. 插制主花时注意: 花和花之间不能在同一条直线上。

6. 为了不让整个作品看上去单调,可以加一些小果类的材料。

TIP:

文竹: 象征永恒,朋友纯洁的心。

莲: "出淤泥而不染,濯清涟而不妖。"喜欢睡莲淡淡的味道,如同它的模样美得恰到好处,不张扬,看似软弱却又坚强。

八角叶

睡莲

龙柳

茉莉花

文竹

5

6

色彩教程
COURSE

褐色的意义和使用技巧：

　　褐色的特征含有适中的暗淡和适度的浅灰。褐色亦称棕色、赭色、咖啡色、啡色、茶色等，是由混合少量红色及绿色，橙色及蓝色，或黄色及紫色颜料构成的颜色。

褐色颜色含义：

　　稳定、中立、可靠、值得信赖又具亲和力。也是地球母亲的颜色，它代表着生命力和感情，体现着广泛存在于自然界的真实与和谐，褐色也可以令人感到难过、沮丧，但总的来说褐色是象征着阳刚之气的颜色．在颜色金字塔的测试中，褐色被看作是具有精神抵抗力的颜色．它的这些特点主要是因为褐色是由橙色和黑色混合而成。

色彩轻松搭 —— 褐色的运用

色彩轻松搭
——褐色的运用

文/编辑：高红 白鸽

配色关键字：

复古

本空间色彩组合：金色、褐色、黑色、木色。

金色、褐色在灯光下交融，奠定整体空间庄重、静谧的基调。环形木质书架搭配玻璃的通透明晰，加之金色复古吊灯映衬，使人们置身其中，如同回到中世纪文学家的古堡。"圆"形的运用使整个空间有一种无形的凝聚力，书籍的方正之间融合了曲线的柔美，方圆之间，也是知识与灵魂的碰撞。

| R: 255 G:252 B:219 | R: 203 G:182 B:117 | R:165 G:136 B:66 | R: 180 G:98 B:14 | R: 51 G:36 B:5 |

这是一处独具特色的公共空间，设计师采用了两种不同质感的深灰色砖石墙面，配以水磨石地面；营造了一种深沉、神秘的氛围。褐色纱幔与置物柜的引入，给整体空间带来沉稳之感。磨旧铁皮、清水墙面、水磨地面、轻柔布料，几种材质的碰撞交融给予了空间不一样的感官体验。褐色的书架与深灰墙面相互对立又相互融合，成为空间中的点睛之笔，使人们停留于此为之驻足。

配色关键字：

锈色

本空间色彩组合：深灰色、褐色、绿色。

R: 116 G:130 B:69　　R: 145 G:95 B:60　　R: 99 G:51 B:29　　R: 85 G:66 B:51　　R: 39 G:15 B:11

配色关键字：

慵懒

本空间色彩组合：褐色、白色、蓝色、绿色。

春日午后，慵懒的阳光透过窗格，留下斑驳的光影。起居室中隐秘的一角可谓是人们休憩、冥想的绝佳空间。皮质褐色扶手椅搭配实木圆桌，奠定安静、沉稳的基调，连同后侧白色实木书架，留给人们阅读、沉思的一方天地。整个空间没有明显的边界，碎花布艺沙发、白色编织地毯为优雅、静谧的空间增加了一丝灵动。一杯茶、一本书、一束光，便拥有了时间。

R:250
G:248
B:233

R:177
G:136
B:114

R:128
G:66
B:19

R:28
G:18
B:16

金属吊灯、渐变装饰画给整个起居空间营造出一种梦幻、迷离之感。褐色皮质沙发与金色纱幔在灯光照映下反射出柔和的光，奠定了整个空间奢华、浪漫的基调，淡紫色墙面与靠垫相互呼应与其成对比，减缓光线的过度反射，更给空间增添了一丝高贵的气质。不规则渐变色地毯，给整个空间带了一丝灵动之感。

配色关键字：

迷离

本空间色彩组合：褐色、金色、紫色、银色。

R:139
G:126
B:117

R:182
G:160
B:123

R:128
G:67
B:13

R:12
G:12
B:10

配色关键字：

精致

本空间色彩组合：褐色、白色、蓝色、木色。

空间用色最大的亮点要属蓝白相间的织物地毯，为原本精致、朴素的空间增添了一丝俏皮与灵动。实木地板与办公桌彰显了主人对于生活品质的追求，金属边框与金色灯线增加了色彩的精致度。

R:214
G:189
B:159

R:150
G:173
B:207

R:109
G:49
B:51

R:39
G:10
B:14

新中式风格起居室采用镂空雕花窗格、幔帐台灯、博古架等作为室内装饰的点睛之笔。设计师以褐色作为主色调，奠定了优雅、大气的主氛围，配合纯白布艺沙发和蓝色地毯，使整个空间配色韵味十足。简洁吊顶轮廓线预示着空间的延伸，形成起居室、餐厅一线式通透明亮的空间体验。米色壁纸与青色理石背景墙，在灯光映衬下与整体散发的亲和舒适氛围相协调。

配色关键字：

优雅

本空间色彩组合：褐色、白色、蓝色、米色、青色。

R:196
G:187
B:169

R:108
G:104
B:93

R:20
G:46
B:71

R:15
G:14
B:10

配色关键字：

极简

本空间色彩组合：褐色、白色、木色、灰色。

长直的线条配合家具精致细节营造出了书房的极简之风。设计师以实木色地板为主色调，深褐色落地式书架搭配中式实木办公桌，简洁不失优雅。青灰色纱幔与褐色书架、办公桌、置物架形成对比，体现了褐色的细腻、优雅。置身室内，透过明亮的落地窗望向青砖黛瓦，仿佛回到旧时雅居院所，清新至极。

| R:242 G:233 B:215 | R:195 G:161 B:116 | R:123 G:73 B:36 | R:118 G:96 B:82 | R:97 G:148 B:211 |

这个以褐色和橙色为主色调的阅读空间略显不同。赭红色地砖与麻绳编织灯罩使人们仿佛置身乡村山野间的学堂一般，原木色落地书架配合简洁桌椅，带给人们最原始的阅览体验。放空身心，专注于一件事是处身繁华都市人们所缺少的态度，身处此处，与褐色、木色营造出的专注、沉稳相融合，带来前所未有的修心之旅。

配色关键字：

活力

本空间色彩组合：木色、褐色、橙色。

| R:229 G:160 B:105 | R:210 G:139 B:95 | R:143 G:59 B:22 | R:198 G:81 B:46 | R:55 G:28 B:11 |

配色关键字：

清新

本空间色彩组合：白色、褐色、灰色、绿色。

这处休憩空间的处理，简洁淡雅，重点在于背景墙上的水墨画，搭配中式茶几藤椅，颇具"谈笑有鸿儒，往来无白丁"之境。白色象征典雅、清新，与整个空间营造出书香气相呼应，桌前绿色植物也是设计师匠心独具所在，它与后侧山水画一静一动，一虚一实，为整个空间注入了几分活力。

R:202
G:196
B:196

R:45
G:58
B:15

R:109
G:90
B:83

R:47
G:47
B:49

这是一处适合发呆、放空的休闲角落。青灰色壁纸搭配米白色布艺座椅、木质方桌，温润、中和的色调使人仿佛置身静谧异空间。配合黑色棋盘格地毯，静中有变；宝蓝色球形吊灯、树枝状书架皆是灵感创意的源泉。一人独酌亦或是两人对弈，这处小空间可以满足你的需要，释放心灵。

配色关键字：

灵感

本空间色彩组合：青灰色、咖啡色、白色、蓝色、米白色。

R:228
G:216
B:202

R:178
G:205
B:234

R:84
G:53
B:35

R:16
G:15
B:11

编辑推荐
RECOMMEND

本章分为 3 个部分：

"产品"的推荐：由巴西设计师 Henrique Steyer （亨利·泰尔）设计的一系列书架和书桌，有运用动物造型、运动线条和光影处理的书架，也有动物造型的置物架。

"图书"的推荐：推荐三本具有阅读意义的书籍，供读者参考阅读。

"网店"的推荐：将一些具有设计感的物件展现出来，提供购物的网址和店铺的基本信息。

奇特的书架
书中的"书店"
奇居良品家居体验馆

Henrique Steyer（亨利·泰尔）
巴西设计师
Albus Design 设计公司的创始人
建筑学和城市规划研究生
作品发表在超过 35 个国家的杂志上
现教授研究生设计课程并担任本科客座教授

奇特的书架

书架(Bookshelf),是我们生活中的普遍用具。由于形态、结构的差别,又有书柜、书橱、书隔等不同细分。

接下来介绍的形态各异、造型奇特的书架和书桌,都是巴西设计师 Henrique Steyer(亨利·泰尔)的优秀作品。

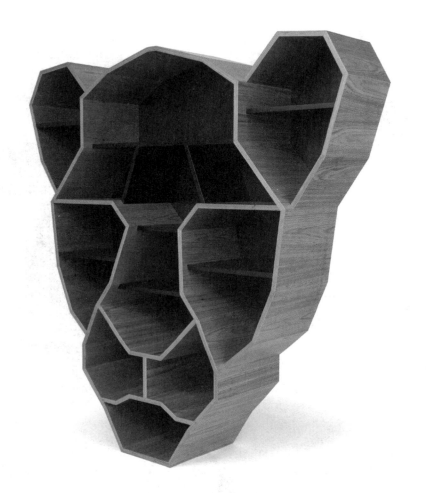

ONCA BOOKSHELF
动物书架

设计公司：Albus Design
设计师：Henrique Steyer
摄影师：Eduardo Liotti
文 / 编辑：高红

这是一件令人称奇的作品，动物脸部的造型架构，堪称自然与创意的完美结合。设计师的灵感来源于美洲虎，借由多种混合木材和黑色漆面，一个充满童趣的储存书架就此诞生。

"BOY" OR "GIRL" 人体书架

设计公司：Albus Design
设计师：Henrique Steyer
摄影师：Eduardo Liotti
文 / 编辑：高红

　　"Boy" or "Girl" 这一系列的书架设计是绝对让人爱不释手的。看似简单的设计，却满是创意的巧思。凭借严谨的制作工艺，将实木或漆面（光泽或哑光漆）材质完美切割，契合人体工程学的同时，再配以些许装饰，使之成为每一种装饰风格的不二选择。

ZIGZAG BOOKSHELF
曲折书架

设计公司：Albus Design
设计师：Henrique Steyer
摄影师：Eduardo Liotti
文 / 编辑：高红

这是 Florense 于 2014 年推出的高端设计家具系列的首个作品，实现了新形式、新功能、新内容的完美融合。根据观看角度的不同，书架会在不同的流线和转角的形状间转换，产生光学效应。

BANCO CAPIVARA
水豚小桌

设计公司：Albus Design

设计师：Henrique Steyer

摄影师：Eduardo Liotti

MESA ONCA
美洲豹小桌

设计公司：Albus Design

设计师：Henrique Steyer

摄影师：Eduardo Liotti

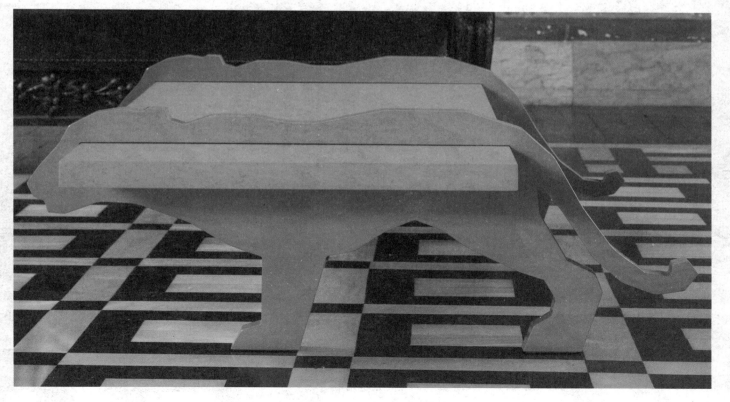

BANCO E MESA MACACO
金猴小桌

设计公司：Albus Design
设计师：Henrique Steyer
摄影师：Eduardo Liotti

尺寸：96cm x 44cm x 60cm

MESA JACAR
鳄鱼桌子

设计公司：Albus Design
设计师：Henrique Steyer
摄影师：Eduardo Liotti

尺寸：150cm x 46cm x 105cm

MESA TAMANDUÁ
食蚁兽小桌

设计公司：Albus Design
设计师：Henrique Steyer
摄影师：Eduardo Liotti

尺寸：150cm x 46cm x 105cm

CRIADO-MUDO NEW CLASSIC
新古典家具

设计公司：Albus Design
设计师：Henrique Steyer
摄影师：Eduardo Liotti

尺寸：80cm x 160cm x 45cm

尺寸：81cm x 69.5cm x 40cm

书 中 的 "书 店"

　　本节推荐三本相关的书籍，供读者阅读，分别为《岛上书店》《如此书房》《遇见——怦然心动的小书店》。这三本书在网店和实体店都颇受广大读者喜爱，特此推荐，仅供参考。

作者：【美】加布瑞埃拉·泽文
译者：孙仲旭 李玉瑶
出版社：江苏文艺出版社
出版时间：2015 年 5 月
装帧：平装
纸张：胶版纸
开本：32 开
正文语种：中文
ISBN：9-787-5399-7181-0

岛上书店

编辑推荐

每个人的生命中，都有最艰难的那一年，将人生变得美好而辽阔。

作者介绍

加布瑞埃拉·泽文 (Gabrielle Zevin，1977—)，美国作家、电影剧本编剧。年轻并极富魅力，深爱阅读与创作，为《纽约时报书评》撰稿，现居洛杉矶。

毕业于哈佛大学英美文学系，已经出版了 8 本小说，作品被翻译成 20 多种语言。14 岁时，她写了一封关于"枪与玫瑰乐团"的信函投给当地报社，措辞激烈，意外获得该报的乐评人一职，迈出了成为作家的第一步。一直以来，她对书、书店以及爱书人的未来充满见解。她的第八本小说《岛上书店》在 2014 年以史无前例的最高票数，获选美国独立书商选书第一名。

孙仲旭（Luke）（1973-2014），知名青年翻译家。毕业于郑州大学外文系，业余从事文学翻译，已出版译作《一九八四》《动物庄园》《门萨的娼妓》《麦田里的守望者》等。

李玉瑶：编辑，译者。70 年代生人，现任职于上海译文出版社。译有《阿克拉手稿》《与狼共舞》《房间》《激情》等作品。

内容简介

岛上书店是维多利亚风格的小屋，门廊上挂着褪色的招牌，上面写着：没有谁是一座孤岛，每本书都是一个世界。

A·J·费克里，人近中年，在一座与世隔绝的小岛上，经营一家书店。

命运从未眷顾过他，爱妻去世，书店危机，就连之前的宝贝也遭窃。他的人生陷入僵局，他的内心沦为荒岛。就在此时，一个神秘的包袱出现在书店，意外地拯救了陷于孤独绝境中的 A·J·费克里，成为了连接他和妻姐伊斯梅、警长兰比亚斯、出版社女业务员阿米莉娅之间的纽带，为他的生活带来了转机。

小岛上的几个生命紧紧相依，走出了人生的困境，对书和生活的热爱都周而复始，愈加汹涌。

如此书房

编辑推荐

收录各地书友（各种职业）关于自己或他人书房的描述，表达对读书人当下生存状况的关注：一间属于自己的书房是否可能？与我们自身有关：这个时代传统的在书房里的读书生活，依然是许多读书人的享受和梦想。

作者介绍

薛原，《青岛日报》副刊编辑。著有《闲话文人》《画家物语》《海上日记》等，编有《如此书房》和《独立书店，你好！》系列等。

内容简介

贯穿始终的是对读书人当下生存状况的关注，如果说《带一本书去未来》关注的是纸质书在未来的命运，尤其是喜欢纸质书的读书人面对网络冲击的思考和作为，那么，《如此书房》关注的则是读书人在现实中的生活状况：一间属于自己的书房是否还是一种可能；而《独立书店，你好！》关注的则是在网络冲击下传统独立书店的生存状况。

作者：薛原
出版社：金城出版社
出版时间：2014 年 6 月 1 日
装帧：平装
页数：231
纸张：轻型纸
开本：12 开
正文语种：中文
ISBN :9-787-5155-1058-3

遇见
怦然心动的小书店

版次：1
印刷时间：2016 年 4 月 1 日
开本：128 开
纸张：胶版纸
包装：平装
是否套装：否
ISBN：9-787-5442-8210-9
作者：胜山俊光
出版社：南海出版公司
出版时间：2016 年 4 月

编辑推荐

东京和京都 45 家小书店的暖心故事，它们坐落在平凡的街角，尽心呵护着一座城市温暖的精神梦想；深度对话着书店经营者、资深书评人、作家，全方位展示书店魅力十足、人流如织的秘诀。遇见怦然心动的小书店，这一刻，你和这座城市的灵魂都在开花。

作者介绍

胜山俊光，日本出版人，玄光社专务董事、广告负责人，著有《遇见怦然心动的小书店》等作品。

内容简介

还记得邂逅一家温暖的小书店时，那种怦然心动的感觉吗？在东京和京都的大街小巷，安安静静地矗立着许多这样的书店——《生活手帖》总编松浦弥太郎亲自经营的 COW BOOKS 中目黑店；汇集世界各国艺术书籍的 UTRECHT/NOW IDeA；以饮食为主题、像厨房般泛着沁人甜香的 COOK COOP；隐居深巷、只卖 100 本书，却让许多人慕名前往的森冈书店；如同寻宝般收集大量珍本的古书善行堂；虔诚关注心灵和精神世界的 BOOK CLUB KAI；对自费出版的小小书册一视同仁敞开大门的摸索社……

它们井然有序，洁净无尘，只等晨光悄然洒进刚刚开启的窗户，有缘之人吱呀一声推开门，在他们面前展开一个美丽新世界。

>>> **4.3**

奇居良品家居体验馆

为广大读者推荐店铺自然不可马虎，小编先在网上进行了详细调查和筛选，最终锁定了"奇居良品"。该店产品不仅设计感十足，价位也十分合适。别看只是网店，线下也是拥有百人以上的实体企业。小编亲自去了上海的实体店进行实地考察，对每个产品都进行了深度了解。每个产品的背后都是设计师辛苦汗水的结晶，从设计到材料的选择都严格把控，力求将产品完美地展现给顾客。

水曲柳胡桃木沙发椅　　5698 元

设计说明：经典造型，外形淳朴、自然，线条简约，木质色泽古朴，纹理清晰，富有装饰效果的色泽纹理，充分显示材质本身的质感和丰富的自然美。
采用麻布软包配以高弹海绵填充，弹性好，给人舒适的享受，椅腿采用美国水曲柳，圆润光滑，结实稳重，承重力好。
北欧风格注重人与自然、社会与环境的有机科学的结合，它显示了对手工艺和天然材料的尊重与偏爱。

奇居良品家居体验馆

达人说

品牌创始人：杜定川

奇居良品创立于 2009 年，推崇以人为本的设计理念，围绕人文艺术，融合现代潮流设计元素，打造实用的高品质整体软装产品系列。奇居良品产品涵盖七大软装风格，7000 多款家居单品，10000 平米的现货仓储，我们通过专业的软装设计服务团队，为客户提供专业的软装设计服务和产品解决方案，致力于成为一站式服务的人文艺术整体家居品牌。

热带风情手绘油画　1598 元 ▲

设计说明：采用环保无污染的油画颜料，芬兰进口木龙内架加 L 型浅香槟色 PS 外框，灵动精致的画面和艳丽的色彩搭配使得装饰画充满田园气息，画面细腻流畅，色彩退晕自然，层次丰富。

手工编织天然海草笔筒　19.9 元 ▼

设计说明：产品取材于天然的海洋植物，采用先进的生产工艺，生产过程中避免了产品的人为污染，是合适的室内装饰材料。

手工编织的海草储物篮是草编收纳，因海草本身的特性，柔韧而不易折断，方便打理。天然海洋植物，经过大自然的孕育，枝叶繁茂，放入家中具有很好的装饰性。

现代人向往自然，追求舒适与惬意的生活感受。自然清新、小巧可爱、散发着令人向往的自由的气息。风格上，更偏向田园、温馨的感觉。

佐伊沙漏书挡 1 对　798 元 ▼

设计说明：简约的曲线刻画着柔美的格调，精致的做工，采用高质量的玻璃，光泽度良好。

金属与玻璃结合，搭配做旧工艺展现出典雅的复古设计，超凡脱俗。高贵典雅的色彩，突显着韵味的地道之美，仿佛可以沉淀一段时间，尽情回味。

印度进口高端家居装饰品豪华而典雅的装饰风格，色彩淡雅精致有质感，层次分明，突显着商品的精致工艺，同时也展现了当地的名族特色。

原木双抽屉书桌　6998 元 ▲

设计说明：现代简约的造型配以大方的轮廓和细腻的表面，呈现出闲适安逸的家居风格，再配以两个抽屉，边角打磨圆润，简约实用。

水曲柳实木底部桌脚的设计简洁流畅，结实稳重，承重力好，自然木纹呈现出安静朴素之美。

北欧风格以简洁著称，并影响到"后现代"等风格，北欧家具强调简单结构与舒适的结合。

法式白桦木单椅　15818 元 ▶

设计说明：深凹的造型传承了法式经典设计特点，配以优雅的麋鹿图案和纯实木打造的轮廓，法式情怀得到了诠释。海绵和羽绒的填充，再配以进口坐垫面料，质感和舒适感强。

采用欧洲进口白桦木材质，椅脚稳重，承重力好，仿佛麋鹿的支脚设计，配以雕刻工艺，既创新统一而又不失稳固。

做旧麋鹿图案面料，带有复古怀旧的情感，进一步凸显出贵气，精美而不显俗气。细节的紧致给人强烈的视觉效果，以及对高品质生活的渴望。

皮质单人书桌转椅　3998 元 ⏏

设计说明：摩洛哥是一个神奇的国度，南部是无边的撒哈拉，西部是无际的大西洋，有着迥异而多变的自然风貌。它的家居风格有着非常明显的民族特色，尝试着用这样的元素设计你的家，那华丽的造型、眼花缭乱的色彩和精雕细刻的几何图案装饰品让你仿佛置身于充满异域风情的王室宫殿，去感受那份新奇之美。

工业风实木书柜架　7498 元 ⏏

设计说明：原木的道劲与铁艺的粗粒相得益彰，松木材质的表面纹理清晰可见，凸显了工业风的做旧风格，使商品更具美式风情。
古典与现代的结合，造就出商品品质。采用铁艺钝化防锈处理，配以松木材料和环保油漆，工艺细腻。造型继承了美式简约的粗犷设计，多隔层的设计井然有序，合理摆放家居物品，美式情怀被诠释。铁艺融合欧陆古老工艺技法和现代工艺科技，营造典雅悠游的空间表情，或精细或粗犷，或光亮或暗哑，或现代或古朴，既休闲又有档次。

奇居良品家居旗舰店
网址：https://qjlp.tmall.com/
实体店地址：上海市静安区汶水路 480 号
　　　　　　鑫森园区 1 栋 105 号
营业时间：周一到周日 09:00-18:00

复古老式放映机书挡　898 元 ▲

设计说明：简约的曲线刻画着复古的格调，精致的做工，采用老式放映机的整体造型，金属与木质结合，搭配做旧工艺展现出典雅的复古设计。
印度进口产品，由资深工艺师铸模制成，主体采用优质芒果木制作，做工细致。配以金属完美结合使得商品机理浑然天成，细节塑造更是精益求精。

彩色西雅图三角柜　4998 元 ▲

设计说明：整体造型传承了简约的经典设计，以大方的轮廓和细腻的表面，打造品质的生活享受。西雅图家具以绚丽的色彩为主，展现出当代年轻人对生活的热情追求，它引领着一种时尚，一种美好生活的向往。
色彩西雅图系列主体框架，拉门、底座采用的都是中纤板和桦木的组合制作，同时可用作存储空间。